TRAITÉ ÉLÉMENTAIRE

DE

TRIGONOMÉTRIE

RECTILIGNE

OUVRAGES DE M. G. BOVIER-LAPIERRE :

L'arithmétique simplifiée, à l'usage des Écoles primaires et de l'Enseignement secondaire spécial ; in-12 (*Épuisé*).. 1 »

Cours de géométrie élémentaire, contenant un *Traité des courbes usuelles* ; in-12........................ 2 »

Traité élémentaire des approximations numériques ; in-18.................................. 1 25

Cours élémentaire de cosmographie, à l'usage des classes de l'enseignement secondaire et de l'enseignement spécial ; in-8° autographié................................ 2 50

Paris.—Imprimé chez Jules Bonaventure, 55, quai des Grands-Augustins.

TRAITÉ ÉLÉMENTAIRE

DE

TRIGONOMÉTRIE RECTILIGNE

RÉDIGÉ SUR UN PLAN NOUVEAU

POUR

L'ENSEIGNEMENT SECONDAIRE SPÉCIAL ET LES CLASSES DE MATHÉMATIQUES ÉLÉMENTAIRES

PAR

G. BOVIER-LAPIERRE

PROFESSEUR DE MATHÉMATIQUES
A L'ÉCOLE NORMALE D'ENSEIGNEMENT SECONDAIRE SPÉCIAL DE CLUNY.

PARIS

GAUTHIER-VILLARS, IMPRIMEUR-LIBRAIRE

DU BUREAU DES LONGITUDES, DE L'ÉCOLE IMPÉRIALE POLYTECHNIQUE,

SUCCESSEUR DE MALLET-BACHELIER

55, quai des Grands-Augustins, 55.

1868

PRÉFACE

Dans les Traités de trigonométrie on commence généralement par présenter l'ensemble de toutes les formules dont on aura besoin, et on n'entreprend la résolution des triangles, qui est le but spécial de cette partie des mathématiques, que lorsque les élèves sont pour ainsi dire armés de toutes pièces. Cette méthode, satisfaisante au point de vue de l'unité, n'est peut-être pas exempte d'inconvénients dans les cours élémentaires. La mémoire est fatiguée par la multiplicité des formules, et si l'élève est obligé de passer de l'une à l'autre sans voir les applications dont chacune est susceptible, il se décourage à travers ces principes abstraits et néglige souvent une étude qui lui paraît alors hérissée de difficultés.

La simplification à introduire dans l'enseignement de la trigonométrie consiste moins à en élaguer le superflu et à n'y conserver que le strict nécessaire qu'à changer la méthode et à ne pas s'attacher exclusivement à l'unité du plan. Une longue expérience m'a prouvé combien il y a d'avantages à tirer d'une première formule tout ce qu'elle renferme d'applicable, et à n'en amener une nouvelle que lorsqu'elle est indispensable pour franchir un obstacle et aller en avant. La mémoire est ainsi soulagée, et les élèves ne trouvent plus de répugnance à apprendre ces formules lorsqu'elles se montrent accompagnées d'applications propres à en faire comprendre le sens et l'utilité. Cette marche m'a toujours donné les meilleurs résultats, même chez les intelligences les moins heureuses ; c'est celle que j'expose dans ce livre, avec l'espérance qu'elle ne sera pas sans profit pour ceux qui voudront la suivre.

Après la définition des lignes trigonométriques et les cinq formules fondamentales, je donne très-simplement une idée sommaire de la construction des tables trigonométriques, et des indications détaillées sur leur usage; puis vient la résolution des triangles rectangles. La formule qui exprime la relation existant entre les côtés et les angles d'un triangle quelconque fournit le moyen de résoudre immédiatement deux cas : ceux où l'on connaît un côté et deux angles, et deux côtés et l'angle opposé à l'un d'eux, et c'est après avoir constaté son insuffisance pour la résolution simple des deux autres cas que j'ai recours à d'autres formules.

Dans les chapitres suivants, se trouvent des discussions de formules, la transformation d'une somme quelconque en produit calculable par logarithmes, la construction des tables trigonométriques. Un dernier chapitre contient les variations des lignes trigonométriques de tous les arcs, les formules qui représentent tous les arcs correspondant à une ligne trigonométrique donnée, la discussion des formules qui donnent sin $(a \pm b)$ et cos $(a \pm b)$, une démonstration nouvelle et très-simple de ces formules, et la résolution de deux problèmes.

Ainsi rédigé, cet ouvrage est complet pour les cours de mathématiques élémentaires et assez simple pour être à la portée de tous les élèves de l'enseignement spécial. Ceux-ci se borneront aux huit premiers chapitres dont l'ensemble forme le cours qui leur est particulièrement destiné; ceux-là n'auront qu'à poursuivre l'étude des autres chapitres pour posséder parfaitement toutes les connaissances trigonométriques indiquées dans le programme de leur classe.

4

TRAITÉ ÉLÉMENTAIRE

DE

TRIGONOMÉTRIE RECTILIGNE

CHAPITRE PREMIER

EXPLICATIONS PRÉLIMINAIRES.

1. Soit un champ triangulaire ABC (*fig.* 1), et supposons qu'il s'agisse de connaître les longueurs des côtés AB et BC sans les mesurer sur le terrain. Pour y parvenir, on chaîne le

Fig. 1.

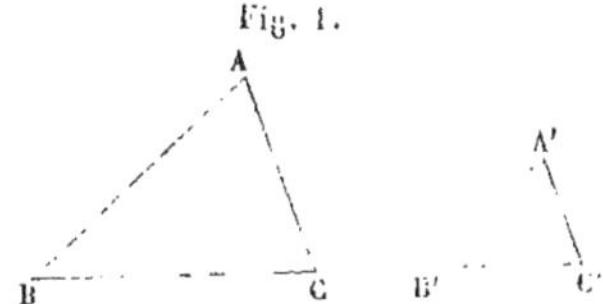

côté AC et on mesure avec le graphomètre les angles A et C. On tire ensuite sur le papier une droite A'C', qui contienne par exemple autant de millimètres que AC contient de mètres. En A' on construit un angle égal à l'angle A, et en C' un angle égal à l'angle C. Le triangle A'B'C', ainsi obtenu, est semblable à celui du terrain; il en est le *plan*. Les nombres de millimètres que contiendront les côtés A'B' et B'C' indiqueront combien il y a de mètres dans AB et BC. L'angle B' sera égal à l'angle B; il doit être la différence entre 180° et la somme des angles A et C.

En général, étant donnés trois des six éléments d'un triangle, on peut, par une construction facile, connaître les trois autres, pourvu toutefois que parmi les trois qui sont donnés il y ait au moins un côté. Mais ce moyen ne peut fournir des résultats d'une grande précision, parce que les instruments employés à la construction des figures sont plus ou moins défectueux, parce que l'étendue du papier varie avec l'humidité de l'air, et surtout parce qu'on est forcé de négliger des longueurs peu étendues du terrain, puisqu'elles devraient être représentées sur le papier par des lignes extrêmement petites, des fractions de millimètre par exemple.

On a donc cherché à obtenir, par le calcul, les trois éléments d'un triangle dont les trois autres sont connus; c'est ce qu'on appelle *résoudre un triangle*. Cette partie des mathématiques, qui apprend à résoudre un triangle, porte le nom de *trigonométrie*.

2. *Mesure des angles.* — La géométrie enseigne que, pour connaître le rapport qui existe entre un angle et son unité qui est l'angle droit, il suffit de déterminer le rapport qu'il y a entre l'arc intercepté entre les côtés de l'angle et décrit de son sommet pris pour centre, avec un rayon quelconque, et le quart de la circonférence à laquelle appartient cet arc. C'est ce qu'on exprime en disant : *un angle au centre a pour mesure l'arc intercepté entre ses côtés.*

Cet arc est ordinairement évalué en degrés, minutes et secondes. Le degré est la 360e partie de la circonférence et par conséquent la 90e partie du quart de la circonférence; la minute est la 60e partie du degré, et la seconde est la 60e partie de la minute. Quand on dit qu'un angle est égal à 35 degrés, c'est une manière abrégée de dire qu'il contient 35 fois la 90e partie de l'angle droit. Le degré est indiqué par le signe $^\circ$, la minute par $'$ et la seconde par $''$. Exemple : $35^\circ\ 12'\ 27''$ signifie 35 degrés 12 minutes 27 secondes.

On peut aussi évaluer l'arc en faisant connaître sa longueur; mais cette longueur est d'autant plus grande pour un même angle, que le rayon de l'arc est lui-même plus grand. Ainsi, les deux arcs AB et A'B' (*fig.* 2) mesurent tous deux le même angle O, quoique leurs longueurs soient différentes. Il est donc nécessaire d'indiquer en même temps la longueur du rayon. Cependant, si au lieu d'exprimer cette longueur en mètres ou

Fig. 2.

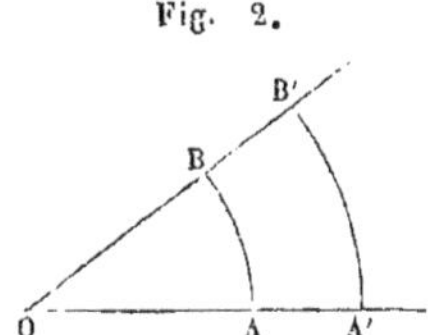

fraction de mètre, on cherche quelle est la longueur de l'arc par rapport à son rayon, le nombre qui indiquera la longueur de AB indiquera aussi celle de A'B'. En effet, quand deux arcs contiennent le même nombre de degrés, leurs longueurs sont proportionnelles à leurs rayons. On a ainsi $\frac{AB}{A'B'} = \frac{OA}{OA'}$ ou, en changeant les moyens de place entre eux, $\frac{AB}{OA} = \frac{A'B'}{OA'}$. Cette dernière égalité fait voir que le rapport entre la longueur d'un arc et celle de son rayon est constant pour un même angle. Si par exemple AB était les $\frac{3}{4}$ du rayon OA, l'arc A'B' serait aussi les $\frac{3}{4}$ du rayon OA'.

Ainsi, l'angle est aussi bien déterminé quand on donne le rapport entre son arc et le rayon que lorsque l'arc est donné en degrés. Dire que l'arc d'un angle égale par exemple 1,6 signifie que l'arc décrit entre ses côtés et de son sommet pris pour centre contient 16 fois la 10e partie du rayon employé pour décrire l'arc, quel que soit ce rayon.

Il est facile de déduire le nombre de degrés de l'angle de la longueur de son arc. En effet, quand le rayon est pris pour unité, la longueur de la demi-circonférence est exprimée par le nombre $\pi = 3,14159...$

D'après cela :

un arc égal à 3,14159... contient 180°,

un arc égal à 1 contient $\frac{180^0}{3,14159}$,

un arc égal à 1,6 contient $\frac{180^0 \times 1,6}{3,14159} = 91^0\,40'\,23,''5$.

On peut donc prendre indifféremment l'arc pour l'angle et réciproquement.

3. Si deux angles sont inégaux dans un triangle, on sait que le côté opposé au plus grand angle est plus grand que le côté opposé au plus petit; mais le rapport des deux côtés n'est pas égal à celui des deux angles. Soit, par exemple, le triangle isoscèle ABC, dans lequel l'angle A est le double de l'angle B (c'est un triangle rectangle) (*fig.* 3). Le côté BC est

Fig. 3.

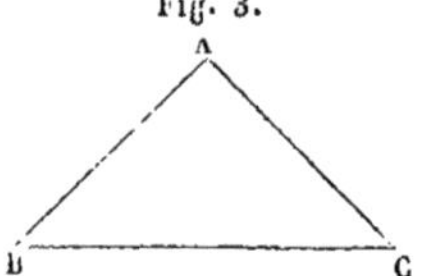

plus grand que le côté AC; mais il est plus petit que le double de AC, car on a $BC < AC + AB$, ou $BC < 2AC$, puisque AB est égal à AC. Or, pour résoudre le problème de la trigonométrie, il était nécessaire de connaître quelle relation existe entre les grandeurs des angles d'un triangle et les longueurs des côtés qui leur sont opposés. On y est parvenu au moyen de certaines lignes droites qui dépendent de l'angle; ces lignes trigonométriques sont : le *sinus,* la *tangente* et la *sécante.*

LIGNES TRIGONOMÉTRIQUES.

4. Soit l'arc AM (*fig.* 4) et les deux diamètres perpendiculaires entre eux AA' et BB'. Abaissons MP perpendiculaire sur

OA; menons en A une tangente, et du centre O tirons par le point M la droite OT. La perpendiculaire MP est le sinus de

Fig. 4.

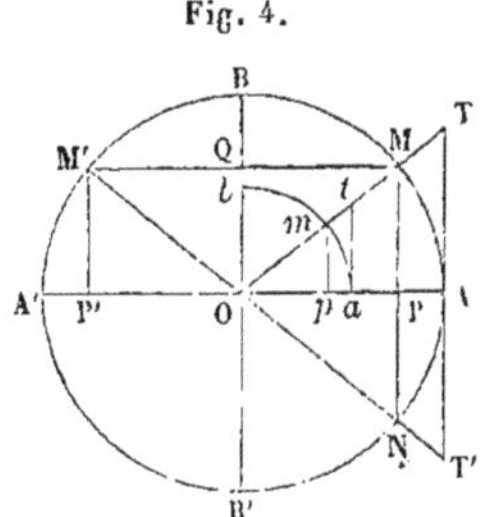

l'angle AOM; la droite AT en est la tangente, et la droite OT la sécante.

Mais l'angle AOM est aussi mesuré par l'arc *am;* donc *mp*, perpendiculaire sur OA, est aussi le sinus de l'angle AOM; la droite *at*, perpendiculaire sur OA, est aussi la tangente de cet angle, et O*t* en est aussi la sécante. Ainsi, un même angle a une infinité de sinus de grandeurs différentes, tels que MP et *mp*; une infinité de tangentes telles que AT et *at*, une infinité de sécantes telles que OT et O*t*. Par conséquent, pour qu'un angle fût déterminé quand la longueur de l'une de ses lignes trigonométriques est donnée, il faudrait connaître en même temps le rayon de l'arc qui mesure l'angle.

Mais les triangles rectangles OMP et O*mp* étant semblables, on a $\frac{\mathrm{MP}}{mp}=\frac{\mathrm{OM}}{\mathrm{O}m}$ ou $\frac{\mathrm{MP}}{\mathrm{OM}}=\frac{mp}{\mathrm{O}m}$, ce qui montre que le rapport entre la perpendiculaire MP et le rayon OM est constant, quel que soit le rayon de l'arc. Par exemple, si MP est les 0,68 du rayon OM, *mp* sera aussi les 0,68 de O*m*. Donc, si l'on prend la valeur numérique de ce rapport pour la longueur du sinus, ce qui revient à prendre le rayon pour unité de longueur, le nombre qui exprimera la longueur du sinus d'un angle restera le même, quel que soit le rayon. La même chose aura lieu pour la tangente et la sécante ; on le démontrerait en considérant les triangles semblables OAT, O*at*.

D'après cela, nous dirons :

Le SINUS *d'un angle ou d'un arc est le nombre abstrait qui exprime la longueur de la perpendiculaire abaissée d'une extrémité de l'arc sur le rayon qui aboutit à l'autre extrémité, par rapport à ce rayon pris pour unité.*

La TANGENTE *d'un angle ou d'un arc est le nombre abstrait qui exprime la longueur de la tangente menée à l'origine de l'arc depuis ce point jusqu'à la rencontre de la droite menée par le centre et par la seconde extrémité de l'arc, par rapport au rayon pris pour unité.*

La SÉCANTE *d'un angle ou d'un arc est le nombre abstrait qui exprime la longueur de la droite menée du centre par la seconde extrémité de l'arc jusqu'à la rencontre de la tangente menée à l'origine de l'arc, par rapport au rayon pris pour unité.*

Ainsi, quand nous désignerons une ligne trigonométrique par les deux lettres de la figure, il faudra se souvenir que cette désignation exprime le nombre abstrait, qui fait connaître la longueur de cette ligne par rapport au rayon. Si on dit, par exemple, que le sinus de l'arc AM est égal à 0,63, c'est comme si on disait que la longueur de la perpendiculaire MP est égale à 63 fois la 100e partie du rayon OA.

5. Prolongeons MP jusqu'en N ; le sinus MP est la moitié de la corde MN, et l'arc AM est la moitié de l'arc MN. Donc *le sinus d'un arc est la moitié de la corde qui sous-tend un arc double.*

C'est de cette propriété que dérive le nom de *sinus*. Dans les traités de géométrie écrits en latin, la corde est désignée par le mot *inscripta* qui, avec les mots *recta linea* sous-entendus, signifie *ligne droite inscrite.* La perpendiculaire MP n'étant que la moitié de la corde était donc nommée *semi-inscripta* (demi-corde), et par abréviation *s. ins.* De là on a dit *sinus,* en ajoutant un *u* pour la prononciation.

6. *Variations du sinus.* — Si l'on considère, à partir du point A, un arc infiniment petit, son sinus est aussi infiniment petit. A mesure que l'arc augmente, le sinus augmente, et quand l'arc égale 90°, le sinus n'est autre chose que le rayon.

Soit maintenant un arc ABM' > 90°. Son sinus est M'P' perpendiculaire sur A'A. A mesure que l'arc augmente au-delà de B, le sinus diminue, et quand l'arc égale 180°, le sinus se réduit à un point. Ainsi, de 90° à 180°, le sinus reprend les valeurs qu'il avait prises de 90° à 0°, et la valeur maximum du sinus d'un angle d'un triangle est 1, ce qui arrive quand l'angle est droit. Donc

$$\sin 0^\circ = 0, \quad \sin 90^\circ = 1, \quad \sin 180^\circ = 0.$$

Si la corde MM' est parallèle à AA', le sinus MP de l'arc AM est égal au sinus M'P' de l'arc ABM'. Or, ces deux arcs sont supplémentaires. Donc, *quand deux arcs sont supplémentaires, leurs sinus sont égaux.* En désignant par a un arc $< 90^\circ$, on a ainsi $\sin(180^\circ - a) = \sin a$.

7. Il y a des angles dont il est facile de connaître le sinus, par exemple les angles de 30°, de 60°, de 18° et de 45°.

En effet, le sinus de 30° est égal à la moitié de la corde qui sous-tend un arc de 60°. Or, cette corde est égale au rayon ; donc $\sin 30^\circ = \frac{1}{2}$, c'est-à-dire la moitié du rayon, quel que soit ce rayon.

De même, le sinus de 60° est égal à la moitié de la corde qui sous-tend un arc de 120° ; cette corde est égale à $r\sqrt{3}$; donc $\sin 60^\circ = \frac{1}{2}\sqrt{3} = 0{,}866$, c'est-à-dire 866 fois la 1000e partie du rayon.

Le côté du décagone régulier inscrit, c'est-à-dire la corde qui sous-tend un arc de 36°, égale $\frac{r}{2}(\sqrt{5} - 1)$; donc

$$\sin 18^\circ = \frac{1}{4}(\sqrt{5} - 1) = 0{,}309,$$

c'est-à-dire 309 fois la 1000e partie du rayon.

Si l'arc AM a 45°, le triangle rectangle OMP est isoscèle et donne

$$\overline{MP}^2+\overline{OP}^2=\overline{OM}^2 \quad \text{ou } \overline{2MP}^2=1 \quad \text{ou } \overline{MP}^2=\frac{1}{2};$$

de là

$$MP=\sqrt{\frac{1}{2}}=\sqrt{\frac{2}{4}}=\frac{\sqrt{2}}{2}; \text{ donc } \sin 45^\circ=\frac{1}{2}\sqrt{2}=0{,}707.$$

c'est-à-dire 707 fois la 1000e partie du rayon.

8. *Variations de la tangente.* — Pour un arc infiniment petit à l'origine A, la tangente est infiniment petite, et elle augmente à mesure que l'arc augmente, car le point de rencontre T de la droite tangente en A et de la droite menée par les points O et M s'éloigne de plus en plus. Quand l'arc est égal à 90°, ce point de rencontre est infiniment éloigné; en d'autres termes, ces deux droites sont parallèles. La tangente de 90° est donc infinie.

Si l'arc AM a 45°, la tangente AT est égale au rayon OA. Donc

$$\text{tang } 0^\circ=0, \quad \text{tang } 45^\circ=1, \quad \text{tang } 90^\circ=\infty \ (^*).$$

Soit un arc ABM' $> 90^\circ$. La droite menée par le centre O et la seconde extrémité de l'arc ne rencontre la tangente menée en A qu'au-dessous du diamètre AA'; la tangente de l'arc ABM' est donc A T'. Mais cette tangente a une position directement contraire à celle qu'elle avait lorsque l'arc était $< 90^\circ$. Pour indiquer cette position, on met le signe — devant le nombre qui exprime la longueur de AT' par rapport au rayon, et on regarde la tangente AT, située au-dessus, comme ayant le signe +.

(*) Le caractère ∞ représente une valeur infiniment grande. Il en est de même du quotient $\frac{n}{0}$, dans lequel le dividende n est un nombre quelconque. En effet, plus le diviseur devient petit, plus le quotient est grand, et quand le diviseur est infiniment petit, c'est-à-dire zéro, le quotient est infiniment grand.

Ainsi, la tangente d'un arc $<90^\circ$ est positive, c'est-à-dire qu'elle est située au-dessus du diamètre mené à l'origine A de l'arc; la tangente d'un arc $>90^\circ$ est négative, c'est-à-dire qu'elle est placée au-dessous de ce diamètre.

A mesure que l'arc augmente au-delà de 90°, l'extrémité M' se rapproche de A', et le point T' se rapproche de A, et quand M' est en A', le point T' est en A. Ainsi, de 90° à 180°, la tangente varie de l'infini à zéro, en conservant toujours le signe —. La tangente de 90° est tout à la fois égale à $+\infty$ et à $-\infty$. Elle prend le signe + quand on arrive à 90° en partant d'un arc plus petit, et le signe — quand on y arrive en partant d'un arc plus grand.

Si la corde MM' est parallèle à AA', l'arc AM est le supplément de l'arc ABM', et AT' est égal à AT à cause de l'égalité des triangles rectangles AOT, AOT'. Donc, *quand deux arcs sont supplémentaires, leurs tangentes sont égales et de signes contraires.*

On a ainsi $$\operatorname{tang}(180^\circ - a) = -\operatorname{tang} a.$$

9. *Variations de la sécante.* — Pour un arc infiniment petit à partir de A, la sécante est égale au rayon. A mesure que l'arc grandit, la sécante grandit aussi, et à 90° la sécante est infinie comme la tangente. Si l'arc AM est égal à 45°, les deux côtés de l'angle droit du triangle rectangle AOT sont égaux au rayon, ce qui donne $$\overline{OT}^2 = 2\,\overline{AO}^2 \text{ ou } OT = AO\sqrt{2}.$$

On a donc $$\text{séc}\,0^\circ = 1,\ \text{séc}\,45^\circ = \sqrt{2},\ \text{séc}\,90^\circ = \infty.$$

Considérons un arc ABM' $> 90^\circ$. La sécante OT', partant du point O, devrait passer par M' d'après la définition de la sécante; or, pour rencontrer la tangente, elle prend une position directement contraire à celle qu'elle aurait dû avoir. Pour indiquer que la sécante a cette position, on met le signe — devant le nombre qui exprime la longueur de OT' par rapport au rayon. La sécante d'un arc $<90^\circ$ doit alors être regardée comme étant précédée du signe +. Ainsi le signe + mis devant une sécante indique que la seconde extrémité de l'arc se trouve entre le centre et le point où la sécante rencontre la tangente, et que l'arc correspondant est $< 90^0$. Le signe — indique que la sécante, au lieu de passer par la seconde extrémité de l'arc, se dirige en sens inverse, et que l'arc correspondant est $> 90^0$.

Quand l'arc augmente au-delà de $90°$, la sécante, abstraction faite de son signe, diminue, et quand l'arc égale $180°$, la sécante est le rayon OA'; donc $\text{séc}\ 180° = -1$.

La sécante de $90°$ est égale tout à la fois à $+\infty$ et à $-\infty$ comme la tangente.

Si la corde MM' est parallèle à AA', les deux arcs AM et ABM' sont supplémentaires, et OT égale OT'. Donc, *quand deux arcs sont supplémentaires, leurs sécantes sont égales et de signes contraires.* On a ainsi : $\text{séc}\,(180° - a) = -\text{séc}\,a$.

10. *Lignes des arcs complémentaires.* — Outre les trois lignes trigonométriques dont nous venons de parler, on en considère encore trois autres : le *cosinus*, la *cotangente*, et la *cosécante*.

Le cosinus, la cotangente et la cosécante d'un arc ne sont autre chose que le sinus, la tangente et la sécante du complément de cet arc. C'est ce qu'on exprime de la manière suivante :

$$\cos a = \sin(90° - a),\ \text{cotg}\,a = \text{tang}\,(90° = a),\ \text{coséc}\,a = \text{séc}\,(90° - a).$$

Si l'arc a est $> 90°$, son complément est l'arc qu'il faut en retrancher pour le ramener à $90°$. Ainsi le complément de l'arc ABM' est l'arc BM' retranché, ou — BM' (*fig.* 5).

Soit l'arc AM, dont le complément est BM. En prenant le point B pour l'origine de l'arc complémentaire, abaissons MC perpendiculaire sur OB, et menons en B une tangente à la circonférence, le sinus de l'arc BM est MC ; sa tangente est BS et sa sécante OS. Donc le cosinus de l'arc AM est MC ; sa cotangente est BS et sa cosécante est OS.

La droite OP étant égale à CM, *le cosinus d'un arc est égal à la distance du centre au pied du sinus.*

De même la droite OC étant égale à MP, le sinus d'un arc

Fig. 5.

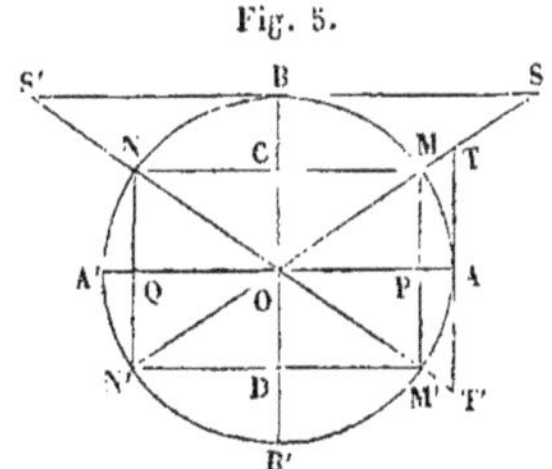

peut être reporté sur le diamètre BB'; *le sinus d'un arc est donc égal à la distance du centre au pied du cosinus.*

11. *Variations de ces trois lignes.* — Lorsque l'arc pris à partir de A est infiniment petit, son cosinus est égal au rayon OA; la cotangente qui part du point B et la cosécante qui part du point O en passant par A sont parallèles. Donc

$$\cos 0^0 = 1, \quad \cot g\, 0^0 = \infty, \quad \operatorname{cos\acute{e}c} 0^0 = \infty.$$

A mesure que l'arc augmente à partir de A, le cosinus, la cotangente et la cosécante diminuent. A 45^0, le cosinus est égal au sinus, la cotangente à la tangente et la cosécante à la sécante. A 90^0, le cosinus se réduit à un point ainsi que la cotangente; la cosécante est le rayon OB. Donc

$$\cos 45^0 = \frac{1}{2}\sqrt{2}, \quad \cot g\, 45^0 = 1, \quad \operatorname{cos\acute{e}c} 45^0 = \sqrt{2},$$

$$\cos 90^0 = 0, \quad \cot g\, 90^0 = 0, \quad \operatorname{cos\acute{e}c} 90^0 = 1.$$

Soit l'arc ABN $> 90^0$. Son complément est BN pris soustractivement, le point B étant toujours l'origine des arcs complémentaires. Le cosinus de l'arc ABN est NC $=$ OQ. Mais ce cosinus étant placé à gauche de O, sur le diamètre AA', tandis que pour un arc $< 90^0$ il est à droite, on indiquera cette opposition de direction en mettant le signe — devant le nombre qui exprime la longueur de OQ par rapport au rayon. Le cosinus OP est, par conséquent, regardé comme ayant le signe +. Ainsi le cosinus d'un arc $< 90^\circ$ est positif, c'est-à-dire placé à droite du centre sur le diamètre AA', et le cosinus d'un arc $> 90^\circ$ est négatif, c'est-à-dire placé à gauche du centre sur le même diamètre.

La cotangente de l'arc ABN est BS'. Cette ligne étant à gauche du point B, tandis que, pour l'arc AM $< 90^\circ$, elle est à droite, on donnera encore le signe — à BS', et, par conséquent, le signe + à BS.

La cosécante de l'arc ABN est OS'. La seconde extrémité N de l'arc se trouvant entre le centre et le point S' de rencontre avec la tangente, la cosécante occupe la position qu'elle doit avoir d'après la définition : elle sera donc regardée comme ayant le signe +.

Si la droite MN est parallèle à AA', les arcs AM et ABN sont supplémentaires, et il est facile de voir que OQ=OP, que BS'=BS, et que OS' = OS. Donc *quand deux arcs sont supplémentaires, leurs cosinus sont égaux et de signes contraires; leurs cotangentes sont égales et de signes contraires; leurs cosécantes sont égales et ont toutes deux le signe* +. On a ainsi

$$\cos(180^\circ - a) = -\cos a,\ \cot g(180^\circ - a) = -\cot g\, a;$$

$$\text{coséc}\,(180^\circ - a) = \text{coséc}\, a.$$

En résumant ce qui a été dit des arcs supplémentaires, on peut énoncer le principe suivant : *quand deux arcs sont supplémentaires, leurs lignes trigonométriques de même nom sont égales et de signes contraires, excepté les sinus et les cosécantes qui ont le signe* +.

12. Une des lignes trigonométriques d'un arc étant donnée, il est facile de construire cet arc ou l'angle correspondant.

1° Supposons que le sinus d'un angle inconnu soit égal à 0,7, ce qu'on exprime ainsi : $\sin x = 0,7$.

On décrit une circonférence avec un rayon quelconque (*fig.* 5), et on mène les deux diamètres rectangulaires AA′ et BB′. On prend sur OB à partir de O une longueur OC égale à 7 fois la 10e partie du rayon, et, par le point C, on mène la droite MN, parallèle à AA′. Les deux arcs supplémentaires AM et ABN sont les arcs demandés. Les angles sont AOM et AON.

2° Soit $\cot x = -1{,}2$. Après avoir mené une tangente en B, on prend sur cette droite et à gauche de B, à cause du signe —, une longueur BS′ égale à 12 fois la 10e partie du rayon, et on tire la droite OS′. L'arc ABN est l'arc demandé.

FORMULES FONDAMENTALES.

13. 1° Quel que soit un arc, AM, par exemple (*fig.* 5), son sinus MP, son cosinus OP et le rayon OM forment toujours un triangle rectangle. Si donc on désigne l'arc AM par a, on aura, d'après un théorème de géométrie,

$$\sin^2 a + \cos^2 a = 1.$$

2° Les triangles rectangles semblables AOT et MOP donnent

$$\frac{AT}{PM} = \frac{OA}{OP} \quad \text{ou} \quad \frac{\operatorname{tang} a}{\sin a} = \frac{1}{\cos a},$$

d'où

$$\operatorname{tang} a = \frac{\sin a}{\cos a}.$$

3° Les triangles rectangles semblables BOS, COM donnent

$$\frac{BS}{CM} = \frac{OB}{OC} \quad \text{ou} \quad \frac{\cot a}{\cos a} = \frac{1}{\sin a},$$

d'où

$$\cot a = \frac{\cos a}{\sin a}.$$

4° Des triangles semblables AOT, MOP, on tire

$$\frac{OT}{OM} = \frac{OA}{OP} \quad \text{ou} \quad \frac{\operatorname{séc} a}{1} = \frac{1}{\cos a},$$

d'où

$$\text{séc}\, a = \frac{1}{\cos a}.$$

5° Des triangles semblables BOS, COM, on tire

$$\frac{OS}{OM} = \frac{OB}{OC}, \quad \text{ou} \quad \frac{\text{coséc}\, a}{1} = \frac{1}{\sin a},$$

d'où

$$\text{coséc}\, a = \frac{1}{\sin a}.$$

Si on multiplie membre à membre la 2ᵉ égalité par la 3ᵉ, on obtient

$$\text{tang}\, a \,\text{cotg}\, a = 1, \quad \text{ou} \quad \text{cotg}\, a = \frac{1}{\text{tang}\, a}.$$

Remarque. — Ces formules sont vraies pour un arc $> 90^0$ comme pour un arc $< 90^0$; car les lignes trigonométriques de l'arc formeront toujours des triangles rectangles d'où on tirera les mêmes égalités, pourvu qu'on ait soin de donner à chaque ligne le signe qui lui convient. Par exemple, considérons l'arc ABN, dont la tangente est $-$AT'. Les triangles semblables AOT', NOQ' donnent $\frac{AT'}{NQ} = \frac{OA}{OQ}$. Or, en désignant par a' l'arc ABN, on a

$$\text{tang}\, a' = -AT', \quad \text{d'où} \quad AT' = -\text{tang}\, a',$$
$$\cos a' = -OQ, \quad \text{d'où} \quad OQ = -\cos a',$$
$$NQ = \sin a' \quad \text{et} \quad OA = 1.$$

Remplaçant les 4 termes de la proportion précédente par leurs valeurs, nous obtenons

$$\frac{-\text{tang}\, a'}{\sin a'} = \frac{1}{-\cos a'}, \quad \text{ou} \quad -\frac{\text{tang}\, a'}{\sin a'} = -\frac{1}{\cos a'},$$

ou, en changeant les signes des deux membres, $\frac{\text{tang}\, a'}{\sin a'} = \frac{1}{\cos a'}$, ce qui est conforme à la formule trouvée (2°) pour un arc $a < 90^0$.

En réunissant les formules ci-dessus, on forme le tableau suivant :

$$(1)\quad \begin{cases} \sin^2 a + \cos^2 a = 1, & \text{séc}\ a = \dfrac{1}{\cos a}, \\ \text{tang}\, a = \dfrac{\sin a}{\cos a}, & \text{coséc}\, a = \dfrac{1}{\sin a}, \\ \text{cotg}\, a = \dfrac{\cos a}{\sin a}, & \text{tang}\, a\, \text{cotg}\, a = 1. \end{cases}$$

14. La première des formules (1) donne le moyen de calculer le cosinus d'un arc quand on connaît le sinus, et réciproquement. Une fois le sinus et le cosinus connus, on pourra calculer la tangente au moyen de la deuxième, la cotangente au moyen de la troisième, etc.

Prenons pour exemple l'arc de 30° dont le sinus égale $\frac{1}{2}$. On aura

$$\cos^2 30^0 = 1 - \sin^2 30^0 = 1 - \frac{1}{4} = \frac{3}{4}, \quad \text{d'où}\ \cos 30^0 = \frac{1}{2}\sqrt{3},$$

$$\text{tang}\ 30^0 = \frac{\sin 30^0}{\cos 30^0} = \frac{\frac{1}{2}}{\frac{1}{2}\sqrt{3}} = \frac{1}{\sqrt{3}} = \frac{1}{3}\sqrt{3},$$

$$\text{cotg}\ 30^0 = \frac{\cos 30^0}{\sin 30^0} = \frac{\frac{1}{2}\sqrt{3}}{\frac{1}{2}} = \sqrt{3},$$

$$\text{séc}\ \ 30^0 = \frac{1}{\cos 30^0} = \frac{1}{\frac{1}{2}\sqrt{3}} = \frac{2}{\sqrt{3}} = \frac{2}{3}\sqrt{3},$$

$$\text{coséc}\, 30^0 = \frac{1}{\sin 30^0} = \frac{1}{\frac{1}{2}} = 2.$$

En effectuant les calculs jusqu'aux millièmes inclusivement, on trouve

$\sin 30^0 = 0{,}500\ldots$ $\quad$ $\text{tang}\, 30^0 = 0{,}577\ldots$ $\quad$ $\text{séc}\, 30^0 = 1{,}154\ldots$

$\cos 30^0 = 0{,}866\ldots$ $\quad$ $\text{cotg}\, 30^0 = 1{,}733\ldots$ $\quad$ $\text{coséc}\, 30^0 = 2{,}000\ldots$

CHAPITRE II.

TABLES TRIGONOMÉTRIQUES.

15. Dans le chapitre précédent, on a trouvé les valeurs des sinus de quelques angles, d'après les rapports qui existent entre les côtés des polygones réguliers inscrits et le rayon du cercle. On vient de montrer en outre comment, le sinus d'un angle étant connu, on en a déduit les valeurs des autres lignes trigonométriques. Ces calculs ont été aussi effectués pour tous les angles, mais la méthode qui y a conduit ne peut pas encore être exposée ; cependant nous pouvons, dès à présent, en donner une idée.

Pour cela, faisons d'abord observer que plus un arc est petit, plus est faible la différence qu'il y a entre cet arc et son sinus. Or, la longueur de la demi-circonférence étant égale à π, quand le rayon est pris pour unité, on a

$$\text{arc } 1^\circ = \frac{\pi}{180},$$

$$\text{arc } 1' = \frac{\pi}{180 \times 60} = \frac{\pi}{10800} = 0{,}000\ 290\ 888\ 208\ldots\ldots$$

En prenant ce résultat pour le sinus de $1'$, on a une valeur un peu trop grande, mais l'erreur sera assez faible. Or on démontre que la différence entre l'arc de $1'$ et son sinus ne commence qu'au-delà de la 11e décimale. On a donc $\sin 1' = 0{,}000\ 290\ 888\ 20$; on en déduira facilement $\cos 1'$, $\tang 1'$, $\cotg 1'$, $\séc 1'$, $\coséc 1'$.

Nous verrons bientôt des formules qui permettent de calculer le sinus et le cosinus de la somme de deux arcs ; elles donneront le moyen de calculer le sinus et le cosinus des arcs de 2′, 3′, 4′, etc.

16. Les valeurs des lignes trigonométriques de tous les angles ayant été déterminées, on a cherché leurs logarithmes.

On a inscrit les logarithmes des sinus en colonne vis-à-vis le nombre de degrés et de minutes de l'angle correspondant placé dans une autre colonne ; on a fait la même chose pour le cosinus, la tangente et la cotangente. L'ensemble de ces colonnes de nombres constitue les *tables trigonométriques*.

Elles ne contiennent pas ordinairement les logarithmes des sécantes et des cosécantes. Il n'en résulte aucune difficulté, car dans les calculs on peut remplacer séc a par $\frac{1}{\cos a}$, et coséc a par $\frac{1}{\sin a}$.

Les angles inscrits dans les tables s'étendent seulement de 0^0 à 90^0. Lorsqu'il s'agit de chercher une ligne trigonométrique d'un angle obtus, il faut prendre celle de l'angle aigu supplémentaire en ayant soin de lui donner le signe —, excepté pour le sinus et la cosécante qui conservent le signe +. On ne doit pas perdre de vue que les tables contiennent non les valeurs des lignes trigonométriques, mais seulement leurs logarithmes. Si l'on avait besoin de connaître ces valeurs elles-mêmes, il suffirait de chercher les nombres correspondant aux logarithmes.

Les sinus et cosinus étant toujours plus petits que 1, excepté $\sin 90^0$ et $\cos 0^0$ qui sont égaux à 1, et le logarithme de 1 étant 0, les logarithmes d'un sinus et d'un cosinus sont inférieurs à 0, et auraient par conséquent des caractéristiques négatives. Il en serait de même pour les logarithmes des tangentes des angles inférieurs à 45^0 et des cotangentes des angles supérieurs à 45^0; car la tangente et la cotangente de 45^0 sont égales à 1. Pour éviter dans la partie entière de ces logarithmes l'emploi d'un chiffre surmonté du signe —, chaque logarithme a été augmenté de 10. On doit donc, dans les calculs, diminuer de 10 tout logarithme d'un sinus et d'un cosinus pris dans les tables, le logarithme de la tangente d'un angle inférieur à 45° et celui de la cotangente d'un angle compris entre 45° et 90°. Les tangentes des angles compris entre 45° et 90° étant plus grandes que 1, ainsi que les cotangentes des angles inférieurs à 45°, leurs logarithmes sont positifs et inscrits dans les tables avec leur véritable valeur. Dans quelques éditions nouvelles de tables on a conservé la caractéristique négative.

TABLES DE LALANDE.

17. Ces tables contiennent les logarithmes des sinus, cosinus, tangentes et cotangentes avec cinq décimales pour tous les angles de minute en minute depuis 0° jusqu'à 90°. Le nombre de degrés est inscrit au haut de la page de 0° à 45°; le nombre de minutes est dans la première colonne à gauche, en tête de laquelle est placé le signe des minutes ′. Pour les angles supérieurs à 45°, il faut prendre le nombre de degrés au bas de la page en allant de la fin des tables au commencement. Le nombre de minutes se trouve en montant dans la première colonne à droite de la page.

Il est facile de trouver le logarithme d'une ligne trigonométrique lorsque l'angle ne contient que des degrés et des minutes. Par exemple, pour avoir $\log \sin 21^\circ 46'$ on cherche la page en haut de laquelle on lit 21°. On descend ensuite dans la colonne des minutes à gauche de la page jusqu'au nombre 46, et on prend le nombre 9,56917 placé sur la même ligne horizontale que 46 dans la colonne qui porte en tête le mot sinus. En diminuant ce nombre de 10 on a

$$\log \sin 21^\circ 46' = \bar{1},56917.$$

Si l'on veut la tangente de 68° 14′, on cherche la page au bas de laquelle on voit 68°. On monte ensuite dans la colonne des minutes à droite de la page jusqu'au nombre 14. Le logarithme cherché est sur la même ligne horizontale que 14 dans la colonne au-dessous de laquelle est le mot tangente. On trouve ainsi

$$\log \text{tang } 68^\circ 14' = 0,39870.$$

18. Lorsque l'angle contient des secondes, il faut encore, pour obtenir le logarithme, employer les nombres inscrits dans les colonnes qui portent en tête la lettre D, initiale du mot *différence*. La colonne D, qui est la troisième de la page en commençant à gauche, contient les différences qui existent entre deux logarithmes consécutifs de la colonne sin. La colonne D, qui est la deuxième de la page en allant de droite à gauche, contient les différences de deux logarithmes consécutifs de la colonne cos. Enfin, entre la colonne tang et la colonne cotg, est une autre colonne portant en tête les lettres *d. c.*, initiales des mots *différences communes*. Ces différences sont, en effet, tout à la fois celles de deux logarithmes consécutifs de la colonne tang et de la colonne cotg (*).

Exemple I. — *Chercher le logarithme du sinus de 24° 36′ 43″.*

On trouve d'abord en ne prenant que les degrés et les minutes

$$\log \sin 24^\circ 36' = \bar{1},61939.$$

Mais le logarithme cherché est compris entre log sin 24° 36′

(*) Il est facile de comprendre pourquoi ces différences sont communes. En effet, on a

$$\text{tang } a = \frac{1}{\text{cotg } a}, \quad \text{d'où} \quad \log \text{tang } a = 0 - \log \text{cotg } a,$$

$$\text{tang } b = \frac{1}{\text{cotg } b}, \quad \text{d'où} \quad \log \text{tang } b = 0 - \log \text{cotg } b,$$

et

$$\log \text{tang } a - \log \text{tang } b = \log \text{cotg } b - \log \text{cotg } a.$$

et log sin $24^\circ 37'$ dont la différence est le nombre 27 inscrit dans la colonne voisine D, entre la ligne qui commence par 36 et celle qui commence par 37; l'augmentation qu'il faut donner à log sin $24^\circ 36'$ n'est qu'une partie de 27. Pour la connaître on fait le raisonnement suivant.

Si l'angle $24^\circ 36'$ augmentait de $1'$ ou $60''$, le logarithme $\bar{1},61939$ augmenterait de 27 unités du cinquième ordre décimal; si l'angle augmentait seulement de $1''$, le logarithme augmenterait de la 60e partie de 27, ou de $\frac{27}{60}$; donc pour $43''$ le logarithme augmente de $\frac{27}{60} \times 43 = 19$.

Ce petit calcul se résume ainsi :

$$\begin{array}{lrr} & \log \sin 24^\circ 36' = \bar{1},61939 & D = 27 \\ \text{ajouter pour} & 43'' \qquad\quad 19 & \\ \hline & \log \sin 24^\circ 36' 43'' = \bar{1},61958 & \frac{27 \times 43}{60} = 19. \end{array}$$

Ainsi, *après avoir trouvé dans la table le logarithme correspondant au nombre de degrés et de minutes, il faut lui ajouter le nombre obtenu en multipliant la différence tabulaire par le nombre de secondes de l'angle et en divisant par 60. On ne doit prendre que la partie entière de ce quotient, en ayant soin d'augmenter de 1 le premier chiffre à droite si le chiffre suivant est 5 ou supérieur à 5.*

Exemple II. — Lorsqu'il s'agit d'un cosinus ou d'une cotangente, le logarithme diminue quand l'angle augmente.

Chercher le logarithme de la cotangente de $67^\circ 23' 52''$.

On prend la page au bas de laquelle est le nombre 67°, et, en montant dans la première colonne des minutes à droite jusqu'au nombre 23, on trouve, sur la ligne horizontale où est placé ce nombre et dans la colonne au bas de laquelle est placé le mot cotangente, $\log \text{cotg}\, 67^\circ 23' = \bar{1},61972$.

La différence entre ce logarithme et le suivant est 36. Si l'angle $67^\circ 23'$ augmentait de $1'$ ou de $60''$, le logarithme $\bar{1},61972$

diminuerait de 36. Si l'angle augmentait de $1''$, le logarithme diminuerait de $\frac{36}{60}$. Donc pour $52''$ le logarithme diminuera de $\frac{36}{60} \times 52 = 31$.

Résumé du calcul :

	log cotg $67^\circ\,23'$	$= \bar{1},61972$	D = 36
ôter pour	$52''$	31	$\frac{36 \times 52}{60} = 31$ (*).
	log cotg $67^\circ\,23'\,52''$	$= \bar{1},61941$	

19. *Étant donné le logarithme d'une ligne trigonométrique, trouver l'angle correspondant.*

Exemple I. — *Soit* log tang $x = \bar{1},68472$.

D'abord la caractéristique étant négative, la tangente est inférieure à 1, et l'angle inconnu x est $< 45^\circ$. En augmentant de 10 le logarithme afin de le rendre semblable à celui des tables, on a

$$\log \operatorname{tang} x = 9,68472.$$

On cherche ce logarithme dans la colonne des tangentes de haut en bas, et comme il ne s'y trouve pas, on prend le logarithme qui en approche le plus et qui lui est inférieur : c'est 9,68465. Le nombre de degrés de l'angle correspondant est au haut de la page : c'est 25. Le nombre de minutes est dans la première colonne à gauche de la page sur la même ligne horizontale que 9,68465; ce nombre est 49. L'angle cherché est donc compris entre $25^\circ\,49'$ et $25^\circ\,50'$.

(*) Dans la nouvelle édition des *Tables à 5 décimales* publiée par M. Hoüel, la multiplication et la division nécessaires pour calculer l'augmentation à donner au logarithme à cause du nombre de secondes de l'angle se trouvent toutes faites au moyen des petites tables contenues à chaque page dans la colonne *Part. prop.* (Parties proportionnelles). Elles donnent le produit de chaque 60e de la différence tabulaire par 6, 7, 8, 9, 10, 20, 30, 40 et 50. Consulter à ce sujet l'Introduction de ces tables.

Or la différence entre les logarithmes des tangentes de ces deux angles est 32, et le logarithme donné 9,68472 surpasse de 7 le logarithme de la tangente de 25° 49′. Pour connaître le nombre de secondes à ajouter à 25° 49′, on fera le raisonnement suivant.

Si le logarithme 9,68465 augmentait de 32, l'angle 25° 49′ augmenterait de 1′ ou 60″. Si le logarithme augmentait seulement de 1, l'angle augmenterait de la 32ᵉ partie de 60″ ou de $\frac{60''}{32}$; et comme log tang x surpasse de 7 log tang 25° 49′, l'angle x surpassera 25° 49′ de 7 fois $\frac{60''}{32}$ ou $\frac{60'' \times 7}{32} = 13''$.

Résumé du calcul :

	log tang $x = \bar{1},68472$		
pour	$\bar{1},68465$	25°49′	D = 32
ajouter pour	7	13″	$\frac{60 \times 7}{32} = 13$
		$x = 25° \ 49'' \ 13''$	

Ainsi *pour connaître les secondes il faut multiplier 60″ par la différence entre le logarithme proposé et celui de la table qui lui est inférieur, et diviser le produit par la différence tabulaire.*

Exemple II. — *Soit* log cos $x = \bar{1},78321$.

Pour trouver l'angle x, on augmente d'abord ce logarithme de 10, ce qui donne 9,78321. Ce logarithme ne se trouvant pas dans les colonnes qui portent en tête le mot cosinus, il faut le chercher dans les colonnes au bas desquelles est le mot cosinus. On trouve que le logarithme le plus approché et qui lui est supérieur est 9,78329, et l'angle correspondant est 52° 37′. L'angle cherché est donc compris entre 52° 37′ et 52° 38′.

La différence entre les logarithmes des cosinus de ces deux angles est 16, et le logarithme donné 9,78321 est inférieur de 8 au logarithme du cosinus de 52° 37′. Si le logarithme 9,78329 diminuait de 16, l'angle $52^\circ 37'$ augmenterait de $60''$: pour une diminution égale à 8, l'angle augmentera de $\frac{60'' \times 8}{16} = 30''$.

Résumé du calcul :

$\log \cos x = 9{,}78321$

pour	$9{,}78329$	$52^\circ 37'$	$D = 16$
ajouter pour	8	$30''$	$\frac{60 \times 8}{8} = 30$
		$x = 52^\circ 37' 30''$	

Observation. — La proportionnalité admise dans les questions précédentes entre l'accroissement de l'angle et celui du logarithme n'est pas rigoureusement exacte. Mais l'erreur qui en résulte est moindre qu'une unité du cinquième ordre décimal sur le logarithme pour le sinus des angles $> 1^\circ 30'$, le cosinus des angles $< 88^\circ 30'$, pour la tangente et la cotangente des angles compris entre $1^\circ 30'$ et $< 88^\circ 30'$.

TABLES DE CALLET.

20. Les tables de Callet où les logarithmes ont 7 décimales contiennent les angles de $10''$ en $10''$. Les dizaines de secondes sont inscrites dans la deuxième colonne à gauche de la page pour les angles $< 45^\circ$, et dans la deuxième colonne à droite pour les angles $> 45^\circ$. Les différences inscrites dans ces tables sont celles de deux logarithmes consécutifs correspondant à deux angles qui diffèrent de $10''$. On se sert de ces tables comme de celles à cinq décimales.

Exemple I. — *Chercher le logarithme du sinus de* $24^\circ 36' 43''$.

	$\log \sin 24^\circ 36' 40'' = \bar{1}{,}6195703$		$D = 459$
ajouter pour	$3''$	138	$45{,}9 \times 3 = 137{,}7$
	$\log \sin 24^\circ 36' 43'' = \bar{1}{,}6195841$.		

Exemple II. — *Soit* $\log \operatorname{tang} x = 0{,}3786924$.

D'abord la caractéristique étant o, l'angle x sera plus grand que 45°. Le logarithme de la table le plus approché du logarithme donné est 0,3786802 qui correspond à 67° 18′ 30″. La différence tabulaire entre ce logarithme et le suivant est 591, et la différence entre ce logarithme et le logarithme donné est 122. D'après cela on a le calcul suivant :

$$\log x = 0{,}3786924$$

pour	0,3786802	67° 18′ 30″	$D = 591$
ajouter pour	122	2″,2	$\dfrac{10'' \times 122}{591} = 2'',23.$
		$x = 67°\ 18'\ 32'',2$	

Avec les tables à sept décimales on peut calculer le chiffre des dixièmes de seconde ; car on prouve que si l'angle est donné par sa tangente ou sa cotangente, l'erreur est moindre que 0″,03. Il n'en est pas de même pour le sinus et le cosinus. Pour un angle voisin de 90°, l'erreur avec le sinus peut atteindre le chiffre des unités de seconde ; avec le cosinus, cela arrive pour les angles très-petits.

Observation. — La proportionnalité admise dans les deux questions précédentes entre l'accroissement de l'angle et celui du logarithme, n'étant pas exacte, produirait une erreur qui affecte le dernier chiffre du logarithme du sinus des angles $< 5°$ et du cosinus des angles $> 85°$, et de la tangente et de la cotangente des angles $< 5°$ et $> 85°$. C'est pour cela que les tables de Callet contiennent au commencement les logarithmes des sinus et des tangentes de seconde en seconde pour les cinq premiers degrés, et par conséquent les logarithmes des cosinus et des cotangentes pour les arcs compris entre 85° et 90°.

CHAPITRE III.

RELATIONS ENTRE LES CÔTÉS ET LES ANGLES D'UN TRIANGLE RECTANGLE.

21. Dans tout ce qui suit, les trois angles d'un triangle seront toujours désignés par A, B, C, et les côtés opposés par les minuscules semblables a, b, c. De plus, A désignera toujours l'angle droit quand le triangle sera rectangle.

1° Dans le triangle rectangle ABC (*fig.* 6), décrivons du point B comme centre l'arc MN avec un rayon quelconque, et

Fig. 6.

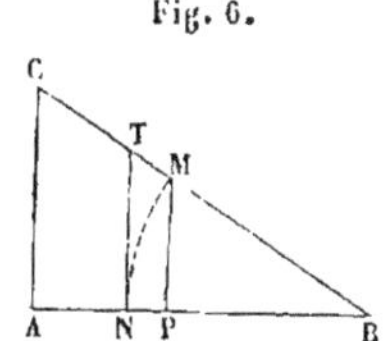

menons MP et TN perpendiculaires à AB. Le rapport $\frac{MP}{BM}$ est le sinus de B.

Les triangles rectangles semblables ABC, PMB donnent $\frac{MP}{AC} = \frac{BM}{BC}$, d'où

$$AC = BC \times \frac{MP}{BM}.$$

On obtiendrait le côté AB de la même manière; on a ainsi

$$(2) \qquad \left\{ \begin{array}{l} b = a \sin B\,; \\ c = a \sin C. \end{array} \right.$$

Donc, *dans tout triangle rectangle, chaque côté de l'angle droit est égal à l'hypoténuse multipliée par le sinus de l'angle opposé à ce côté.*

2° Les angles B et C étant complémentaires, sin B est égal à cos C, et sin C est égal à cos B. En remplaçant sin B et sin C par ces valeurs dans les égalités (2), on a

$$(3) \qquad \begin{cases} b = a \cos C, \\ c = a \cos B. \end{cases}$$

Donc, *dans tout triangle rectangle, chaque côté de l'angle droit est égal à l'hypoténuse multipliée par le cosinus de l'angle adjacent à ce côté.*

On pourrait aussi obtenir ces égalités au moyen des triangles semblables ABC, BMP.

3° En divisant membre à membre les égalités $b = a \sin B$, et $c = a \cos B$, on obtient

$$\frac{b}{c} = \frac{\sin B}{\cos B}, \text{ ou } b = c \operatorname{tang} B,$$

avec les égalités $c = a \sin C$ et $b = a \cos C$, on trouverait de la même manière $\frac{c}{b} = \frac{\sin C}{\cos C}$, ou $\frac{c}{b} = \operatorname{tang} C$.
on a ainsi :

$$(4) \qquad \begin{cases} b = c \operatorname{tang} B, \\ c = b \operatorname{tang} C. \end{cases}$$

Donc, *dans tout triangle rectangle, chaque côté de l'angle droit est égal à l'autre multiplié par la tangente de l'angle opposé au premier.*

On pourrait aussi obtenir ces égalités au moyen des triangles semblables BTN, BCA, en observant que $\frac{TN}{BN}$ est la tangente de l'angle B.

4° En remplaçant tang B par cotg C et tang C par cotg B dans les égalités (4), on obtient

$$(5) \qquad \begin{cases} b = c \operatorname{cotg} C, \\ c = b \operatorname{cotg} B. \end{cases}$$

Donc, *dans tout triangle rectangle, chaque côté de l'angle droit est égal à l'autre côté multiplié par la cotangente de l'angle adjacent au premier côté.*

22. Dans le triangle rectangle ABC, le côté AB peut être regardé comme la projection du côté BC sur une droite indéfinie qui passerait par A et B. D'après cela, les égalités (3) montrent que la *projection d'une droite sur une autre est égale à la droite projetée multipliée par le cosinus de l'angle qui mesure l'inclinaison de cette droite sur l'autre.*

RÉSOLUTION DU TRIANGLE RECTANGLE.

23. Un triangle rectangle est déterminé quand on connaît un côté et un angle aigu, ou deux côtés. Or le côté donné peut être un côté de l'angle droit ou l'hypoténuse; les deux côtés donnés peuvent être l'hypoténuse et un côté de l'angle droit, ou les deux côtés de l'angle droit. La résolution d'un triangle rectangle présente donc quatre cas, dans lesquels les données sont :

1° Un angle aigu et un côté de l'angle droit;
2° Un angle aigu et l'hypoténuse;
3° Un côté de l'angle droit et l'hypoténuse;
4° Les deux côtés de l'angle droit.

24. Premier cas. — *Étant donnés l'angle* B *et l'hypoténuse* a, *trouver l'angle* C *et les côtés* b *et* c.

On a d'abord

$$C = 90^\circ - B.$$

On tire b de la relation $b = c \operatorname{tang} B$.
La relation $c = a \cos B$ donne

$$a = \frac{c}{\cos B}.$$

Exemple. — $B = 52^\circ\, 36'\, 14''$, et $c = 68^m.42$.

Calcul de C. . . . . .
$$\begin{cases} C = 90^\circ - B \\ \quad = 89^\circ\, 59'\, 60'' - 52^\circ\, 36'\, 14''. \\ \quad = 37^\circ\, 23'\, 46''. \end{cases}$$

Calcul de b.

$$b = c \operatorname{tang} B$$

$$\log b = \log c + \log \operatorname{tang} B$$

$$\log c = 1,83518$$
$$\log \operatorname{tang} B = 0,11665$$

$$\log b = 1,95183$$
$$8950 \ldots\ldots 95182$$

02 pour... 1 diff. tab. 5

$b = 89^{m},502.$

Calcul de a.

$$c = a \cos B, \quad a = \frac{c}{\cos B},$$

$$\log a = \log c - \log \cos B$$

$$\log c = 1,83518$$
$$\log \cos B = \bar{1},78342$$

$$\log a = 2,05176$$
$$1126. \,.\, 05154$$

05 pour.. 22 diff. tab. 38

$a = 112^{m},65.$

Observation. — Au-dessous du logarithme de b et du logarithme de a se trouve le logarithme le plus approché trouvé dans la table. Mais il suffit d'écrire seulement les décimales différentes et de supprimer la partie commune aux deux logarithmes. Ainsi on écrira

$$\log b = 1,95183$$
$$8950 \qquad 2$$

02 pour... 1 diff. tab. 5.

$b = 89^{m},502.$

Le nombre 8950 placé à gauche sur la même ligne que le logarithme de la table est le nombre qui lui correspond; au-dessous de lui est l'augmentation de 2 dixièmes correspondant à la différence 1 des deux logarithmes.

25. Deuxième cas. — *Étant donnés l'angle* B *et l'hypoténuse* a, *trouver l'angle* C *et les côtés* b *et* c.

On a d'abord $C = 90^{\circ} - B$. On obtient le côté b par la relation $b = a \sin B$, et le côté c par la relation $c = a \sin C$.

Pour faire le calcul par logarithmes, on a

$$\log b = \log a + \log \sin B,$$
$$\log c = \log a + \log \sin C.$$

Ce cas est tout à fait semblable au premier.

26. TROISIÈME CAS. — *Étant donnés le côté b et l'hypoténuse a, trouver le côté c et les angles* B *et* C.

On cherche d'abord le côté c en se rappelant que le carré de l'hypoténuse égale la somme des carrés des deux autres côtés. On a d'après cela $a^2 = b^2 + c^2$, ou $c^2 = a^2 - b^2$, d'où

$$c = \sqrt{a^2 - b^2}.$$

Ce résultat donne lieu à la remarque suivante:

Tous les calculs pour la résolution des triangles doivent être effectués par logarithmes. Or, pour obtenir le côté c, il faudrait d'abord faire le carré de a, puis celui de b, ensuite retrancher le second du premier, et enfin extraire la racine carrée du reste. De cette manière l'emploi des logarithmes n'abrégerait pas les calculs; de plus, on devrait opérer sur des nombres et sur des logarithmes, et non pas sur des logarithmes seulement. Pour cette raison, on dit que l'expression $c = \sqrt{a^2 - b^2}$ n'est pas calculable par logarithmes.

Or la différence des carrés de deux quantités est égale au produit de la somme de ces deux quantités par leur différence. Par conséquent, $a^2 - b^2$ peut être remplacé par $(a+b) \times (a-b)$, et on a pour trouver le côté c

$$c = \sqrt{(a+b) \times (a-b)},$$

d'où

$$\log c = \frac{1}{2} [\log (a+b) + \log (a-b)].$$

Ainsi on fera d'abord la somme $a + b$ et la différence $a - b$, après quoi il n'y aura qu'un seul calcul de logarithmes à effectuer.

EXEMPLE. — *On donne* $a = 56^{m},427$; $b = 32^{m},741$; *calculer* c, B et C.

Calcul de c.

$$c = \sqrt{(a+b) \times (a-b)},$$

$$\log c = \frac{1}{2} [\log(a+b) + \log(a-b)].$$

$a = 56{,}427,$ $\log(a+b) = 1{,}95021$
$b = 32{,}741,$ $\log(a-b) = 1{,}37449$

$a + b = 89{,}168,$ $2 \log c = 3{,}32470$
$a - b = 23{,}686.$ $\log c = 1{,}66235$

4595 29

06 . . . . 6 diff. tab. 9.

$c = 45^{m},956.$

Calcul de B.

$b = c \tan B,$

$\tan B = \frac{b}{c},$

$\log \tan B = \log b - \log c$

$\log b = 1{,}51509$
$\log c = 1{,}66235$

$\log \tan B = \bar{1}{,}85274$
$35^{\circ}\,28'$ 3

$2''$ . . . . 1 diff. tab. 27

$B = 35^{\circ}\,28'\,2''.$

Calcul de C.

$C = 90^{\circ} - B,$

$C = 89^{\circ}\,59'\,60'' - 35^{\circ}\,28'\,2'',$
$C = 54^{\circ}\,31'\,58''.$

27. Quatrième cas. — *Étant donnés les deux côtés b et c de l'angle droit, trouver l'hypoténuse a et les angles B et C.*

On aurait l'hypoténuse a au moyen de l'égalité $a = \sqrt{b^2 + c^2}$. Mais cette expression n'étant pas calculable par logarithmes, on doit commencer par déterminer les angles.

Pour B on a $b = c \tan B$, d'où $\tan B = \frac{b}{c}$.

On trouve ensuite C en retranchant B de 90°. Pour le côté a, on a $b = a \sin B$, d'où $a = \frac{b}{\sin B}$.

28. *Remarque.* — Dans le troisième cas on aurait pu aussi résoudre le triangle en cherchant d'abord l'angle B par l'égalité $b = a \sin B$, qui donne $\sin B = \frac{b}{a}$. Mais on doit autant que possible employer la tangente ou la cotangente, car l'angle ainsi obtenu est affecté d'une erreur moindre que lorsqu'il est déterminé par le sinus ou le cosinus.

En effet, soient deux arcs AI, AI′ voisins de 90° et n'ayant entre eux qu'une petite différence I I′ (*fig.* 7). A mesure que les

Fig. 7.

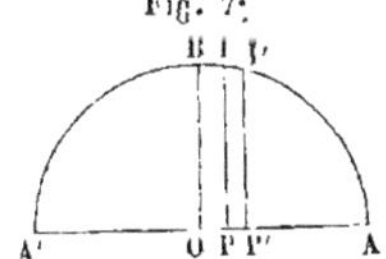

points I′ et I se rapprochent de B, la corde I′I tend à devenir parallèle au diamètre A′A; par conséquent les deux sinus P′I′ et PI sont presque égaux, et leur différence finit par être moindre que 1 unité décimale d'un ordre très-petit. Donc leurs logarithmes finissent aussi par différer d'une quantité moindre que 1 unité du cinquième ordre décimal. Il résulte de là que si des arcs voisins de 90° diffèrent peu l'un de l'autre, les logarithmes de leurs sinus, jusqu'à la cinquième décimale, seront égaux, et qu'il y aura incertitude pour savoir quel est l'angle véritable qui correspondra à un log sin. C'est ce qui se présente pour les trois angles 88° 7′, 88° 8′, 88° 9′ dont les sinus ont le même logarithme $\bar{1},99977$.

Maintenant, soit D la différence entre les logarithmes des sinus des deux angles a et b tels que $b = a + 1'$.

Si log sin a augmentait de D, l'angle a augmenterait de 60″ et serait égal à b.

Si log sin a augmente seulement de 1 unité du 5e ordre décimal, l'angle a augmente de $\frac{62''}{D}$. Par conséquent si le logarithme du sinus d'un angle inconnu est affecté d'une erreur moindre que 1 unité du 5e ordre décimal, l'erreur commise sur l'angle obtenu sera moindre que $\frac{60''}{D}$. Or la différence D va en diminuant à mesure que l'angle augmente; au delà de 12^0 elle est plus petite que 60; donc quand l'angle est supérieur à 12^0 son erreur surpasse $1''$ et peut même atteindre plus de $1'$.

Pour la tangente et la cotangente la différence étant 25, l'erreur de l'angle est moindre que $\frac{60''}{25}$, c'est-à-dire moindre que $3''$.

CHAPITRE IV

RELATIONS ENTRE LES CÔTÉS ET LES ANGLES D'UN TRIANGLE QUELCONQUE.

29. Soit AD perpendiculaire sur BC (*fig.* 8). Le triangle rectangle ACD donne $AD = AC \sin C = b \sin C$.

Fig. 8.

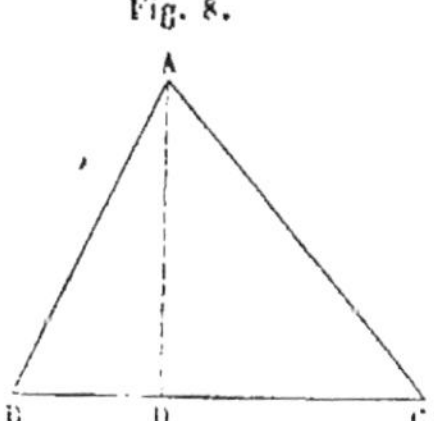

Le triangle rectangle ABD donne $AD = AB \sin B = c \sin B$. On a donc $b \sin C = c \sin B$, d'où

$$\frac{b}{c} = \frac{\sin B}{\sin C}.$$

Ainsi *le rapport de deux côtés d'un triangle est égal au rapport des sinus des angles opposés à ces côtés.*

L'égalité trouvée peut s'écrire ainsi

$$\frac{b}{\sin B} = \frac{c}{\sin C}.$$

On obtiendrait de la même manière

$$\frac{a}{\sin A} = \frac{c}{\sin C}.$$

On a donc la relation suivante :

$$(6) \qquad \frac{a}{\sin A} = \frac{b}{\sin B} = \frac{c}{\sin C},$$

3

qui exprime que chaque côté d'un triangle, divisé par le sinus de l'angle opposé, donne un quotient constant (*).

On énonce ordinairement ce principe de la manière suivante : *les trois côtés d'un triangle sont proportionnels aux sinus des angles opposés.*

Remarque. — La démonstration serait la même si la hauteur tombait hors du triangle, comme dans la figure 9. En effet,

Fig. 9.

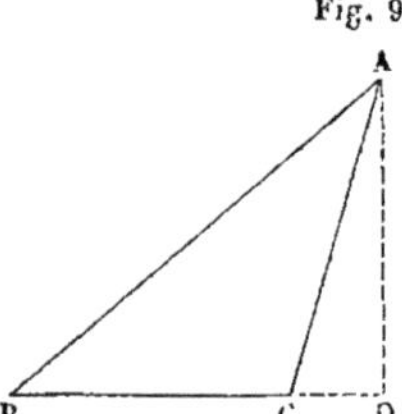

le triangle rectangle ABD donne $AD = AB \sin B = c \sin B$; le triangle rectangle ACD donne $AD = AC \sin ACD = b \sin ACB = b \sin C$; car les angles ACD et ACB étant supplémentaires, leurs sinus sont égaux.

RELATION ENTRE LES TROIS CÔTÉS ET UN ANGLE.

30. Il est utile d'avoir une relation dans laquelle il n'y ait qu'un angle avec les trois côtés ; elle nous est fournie par la géométrie.

(*) Le quotient constant est égal au diamètre du cercle circonscrit au triangle. En effet, abaissons du centre O (*fig.* 10) la perpendiculaire OP sur BC.

Fig. 10.

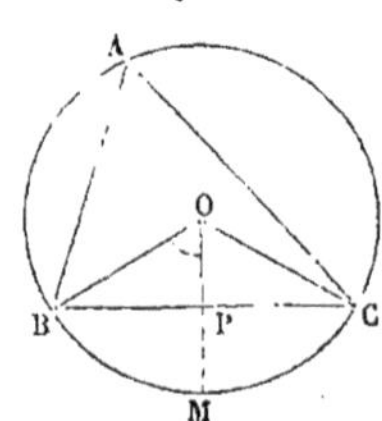

D'après la définition du sinus nous avons $\frac{BP}{OB} = \sin O$. Or les angles O

En effet, *dans tout triangle, le carré d'un côté est égal à la somme des carrés des deux autres plus le double produit de l'un de ces côtés multiplié par la projection de l'autre côté sur celui-ci, si l'angle opposé au premier côté est obtus, moins ce double produit si cet angle est aigu.*

Considérons le côté AB opposé à l'angle aigu C (*fig.* 8). D'après ce théorème, on a

$$c^2 = a^2 + b^2 - 2a \times \mathrm{CD}.$$

Or, le triangle rectangle ACD donne $\mathrm{CD} = \mathrm{AC} \cos \mathrm{C} = b \cos \mathrm{C}$; en substituant cette valeur dans l'égalité précédente, on obtient

$$c^2 = a^2 + b^2 - 2ab \cos \mathrm{C}.$$

Si l'angle C est obtus, comme dans la figure 9, on a

$$c^2 = a^2 + b^2 + 2a \times \mathrm{CD}.$$

Mais le triangle rectangle CAD donne $\mathrm{CD} = b \cos \mathrm{ACD}$; or, les angles ACD et ACB étant supplémentaires, $\cos \mathrm{ACD} = -\cos \mathrm{ACB}$, et, par conséquent, on a $\mathrm{CD} = -b \cos \mathrm{ACB} = -b \cos \mathrm{C}$.

En substituant cette valeur dans l'égalité précédente, on obtient encore

$$c^2 = a^2 + b^2 - 2ab \cos \mathrm{C}.$$

Ainsi *le carré d'un côté est égal à la somme des carrés des deux autres côtés, moins le double produit de ces deux côtés multiplié par le cosinus de l'angle opposé au premier.*

Ce théorème est exprimé par les égalités suivantes :

$$(7) \qquad \begin{cases} a^2 = b^2 + c^2 - 2bc \cos \mathrm{A}, \\ b^2 = a^2 + c^2 - 2ac \cos \mathrm{B}, \\ c^2 = a^2 + b^2 - 2ab \cos \mathrm{C}. \end{cases}$$

---

et A sont égaux comme ayant tous deux pour mesure la moitié de l'arc BMC. En représentant le rayon par r, on a donc

$$\frac{\frac{1}{2}\mathrm{BC}}{r} = \sin \mathrm{A}, \text{ ou } \frac{a}{\sin \mathrm{A}} = 2r.$$

RÉSOLUTION D'UN TRIANGLE QUELCONQUE.

31. La géométrie apprend qu'on peut construire un triangle quand on connaît : 1° un côté et deux angles ; 2° deux côtés et l'angle opposé à l'un d'eux ; 3° deux côtés et l'angle compris entre eux ; 4° les trois côtés. De là quatre cas à étudier dans la résolution d'un triangle.

Premier cas. — *Étant donnés le côté a et les angles A et B, calculer l'angle C et les côtés b et c.*

La somme des trois angles étant égale à 180°, on a d'abord $C = 180° - (A + B)$.

On tire b de la relation $\frac{b}{\sin B} = \frac{a}{\sin A}$, d'où

$$b = \frac{a \sin B}{\sin A};$$

on tire c de la relation $\frac{c}{\sin C} = \frac{a}{\sin A}$, d'où

$$c = \frac{a \sin C}{\sin A}.$$

Exemple. — *Résoudre un triangle dans lequel on donne*

$$a = 100^{m},48,\quad A = 47°\,36'\,24'',\quad B = 75°\,16'\,32''.$$

Calcul de C.

$$C = 180° - (A + B)$$

$$\begin{array}{rl} A = & 47°\ 36'\ 24'' \\ B = & 75°\ 16'\ 32'' \\ \hline A + B = & 122°\ 52'\ 56'' \\ 180° = & 179°\ 59'\ 60'' \\ \hline C = & 57°\ \ 7'\ \ 4'' \end{array}$$

Calcul de b.

$$\frac{b}{\sin B} = \frac{a}{\sin A}; \quad b = \frac{a \sin B}{\sin A}$$

$$\log b = \log a + \log \sin B - \log \sin A.$$

$\log a = 2{,}03933$
$\log \sin B = \bar{1}{,}98550$
$2{,}02483$
$\log \sin A = \bar{1}{,}86837$
$\log b = 2{,}15646$
1433 . . . 25
07 . . . 21 | 30
$b = 143^{m}{,}37$ | 7

Calcul de c.

$$\frac{c}{\sin C} = \frac{a}{\sin A}; \quad c = \frac{a \sin C}{\sin A}$$

$$\log c = \log a + \log \sin C - \log \sin A.$$

$\log a = 2{,}03933$
$\log \sin C = \bar{1}{,}92417$
$1{,}96350$
$\log \sin A = \bar{1}{,}86837$
$\log c = 2{,}09513$
1244 . . . 482
08 . . 31 | 35
$c = 124^{m}{,}48$ | 8

32. *Simplification du calcul.* — Le calcul des côtés b et c a exigé une addition et une soustraction; ces deux opérations peuvent se réduire à une seule addition.

En effet, pour retrancher de 2,02483 le logarithme $\bar{1}{,}86837$, on peut d'abord retrancher la caractéristique $\bar{1}$, ce qui donne, en indiquant seulement l'opération, $2{,}02483 + 1$. Ce résultat doit encore être diminué de 0,86837; or si, au lieu de faire cette diminution, on ajoute au contraire à ce résultat ce qui manque à 0,86837 pour égaler 1, c'est-à-dire 0,13163, le nombre ainsi obtenu $2{,}02483 + 1 + 0{,}13163$ surpassera le reste cherché de $0{,}86837 + 0{,}13163$, par conséquent de 1. Ce reste sera donc $2{,}02483 + 1 - 1 + 0{,}13163$.

Si l'on avait 3,86837 à retrancher de 1,02483, en suivant la même marche, on obtiendrait pour reste

$$1{,}02483 - 3 + 0{,}13163 - 1, \quad \text{ou} \quad 1{,}02483 - 4 + 0{,}13163.$$

De là résulte la règle suivante : *Pour retrancher un logarithme d'un autre ou de la somme de plusieurs autres, on change d'abord le signe de sa caractéristique et on la diminue de* 1; *à la suite on écrit l'excès de 1 sur la partie décimale et on additionne le logarithme ainsi modifié avec les autres.*

L'excès de l'unité sur la partie décimale s'appelle le *complément* de cette partie décimale par rapport à 1. On l'obtient facilement en retranchant chaque chiffre de 9 en allant de gauche à droite, et le dernier chiffre significatif de 10.

D'après cette règle qu'il est utile de suivre quand on doit effectuer une addition et une soustraction, le calcul des logarithmes de b et de c sera ainsi représenté :

Calcul de $\log b$.	*Calcul de* $\log c$.
$\log a = 2{,}03933$	$\log a = 2{,}03933$
$\log \sin B = \overline{1}{,}98550$	$\log \sin C = \overline{1}{,}92417$
$-\log \sin A = 0{,}13163$	$-\log \sin A = 0{,}13163$
$\log b = 2{,}15646$	$\log c = 2{,}09513$

33. Deuxième cas. — *Étant donnés les deux côtés a, b, et l'angle* A *opposé au côté a, calculer les angles* B *et* C *et le côté c.*

Pour calculer l'angle B on a

$$\frac{b}{\sin B} = \frac{a}{\sin A}, \quad \text{d'où} \quad \sin B = \frac{b \sin A}{a},$$

et l'on trouve dans les tables un angle aigu B correspondant à $\sin B$. Mais à un même sinus correspondent deux angles, l'un aigu et l'autre obtus, qui sont supplémentaires. Si l'angle donné A est obtus, ou bien s'il est aigu et si en même temps le côté a qui lui est opposé est plus grand que le côté b, l'angle cherché B ne peut être qu'aigu.

L'angle C est égal à $180° - (A + B)$.

Pour connaître le côté c on a :

$$\frac{c}{\sin C} = \frac{a}{\sin A}, \quad \text{d'où} \quad c = \frac{a \sin C}{\sin A}.$$

Si l'angle A est aigu et que le côté a soit plus petit que le côté b, l'angle B du triangle peut être aigu ou obtus ; le problème a donc deux solutions. En d'autres termes, on trouve deux triangles différents ayant tous deux un angle égal à A et deux côtés égaux à a et b, le côté égal à a étant opposé à l'angle A. Dans le premier triangle, l'angle opposé au côté b est aigu; dans le second, il est obtus.

Désignons par B′ cet angle obtus qui est le supplément de l'angle aigu B; nous aurons le troisième angle C′ de ce second triangle d'après l'égalité $C' = 180° - (A + B')$.

Le côté c' opposé à l'angle C′ sera donné par la relation

$$\frac{c'}{\sin C'} = \frac{a}{\sin A}, \text{ d'où } c' = \frac{a \sin C'}{\sin A}.$$

EXEMPLE. — *Dans un triangle, on a* $a = 64^{m},28$, $b = 75^{m},34$, $A = 36° 25' 14''$; *calculer le côté* c *et les angles* B *et* C.

D'après ce qui vient d'être dit, ce problème présente deux solutions.

Calcul de B *et de* B′.

$$\frac{b}{\sin B} = \frac{a}{\sin A}, \quad \sin B = \frac{b \sin A}{a},$$

$$\log \sin B = \log b + \log \sin A - \log a,$$
$$B' = 180 - B.$$

$$\begin{array}{rl}
\log b = & 1,87703 \\
\log \sin A = & \bar{1},77357 \\
-\log a = & \bar{2},19192 \\
\hline
\log \sin B = & \bar{1},84252 \\
44°\ 5' \ldots\ldots & 42 \\
\hline
46'' \ldots & 10 \\
 & 60 \\
\hline
 & 600 \mid 13 \\
 & 80 \mid \overline{46}
\end{array}$$

$$B = 44°\ 5'\ 46''$$
$$B' = 180° - B = 135°\ 54'\ 14''.$$

PREMIÈRE SOLUTION.

Calcul de C.

$$C = 180^\circ - (A + B).$$

$$\begin{array}{r} A = 36^\circ\ 25'\ 14'' \\ B = 44^\circ\ \ 5'\ 46'' \\ \hline A + B = 80^\circ\ 31'\ \ 0'' \\ C = 99^\circ\ 29'\ \ 0'' \end{array}$$

Calcul de c.

$$\frac{c}{\sin C} = \frac{a}{\sin A};\quad c = \frac{a \sin C}{\sin A}.$$

$$\log c = \log a + \log \sin C - \log \sin A.$$

$$\begin{array}{r} \log a = 1{,}80808 \\ \log \sin C = \bar{1}{,}99402 \\ -\log \sin A = 0{,}22643 \\ \hline \log c = 2{,}02853 \\ 1067 \quad \ldots 16 \\ \hline 09 \ldots\ldots 370 \,|\, 41 \\ c = 106^m{,}79 \qquad\quad |\ 9 \end{array}$$

DEUXIÈME SOLUTION.

Calcul de C'.

$$C' = 180^\circ - (A + B').$$

$$\begin{array}{r} A = 36^\circ\ 25'\ 14'' \\ B' = 135^\circ\ 54'\ 14'' \\ \hline A + B' = 172^\circ\ 19'\ 28'' \\ C' = 7^\circ\ 40'\ 32'' \end{array}$$

Calcul de c'.

$$\frac{c'}{\sin C'} = \frac{a}{\sin A};\quad c' = \frac{a \sin C'}{\sin A}.$$

$$\log c' = \log a + \log \sin C' - \log \sin A.$$

$$\begin{array}{r} \log a = 1{,}80808 \\ \log \sin C' = \bar{1}{,}12569 \\ -\log \sin A = 0{,}22643 \\ \hline \log c' = 1{,}16020 \\ 1446 \quad \ldots 17 \\ \hline 01 \ldots\ldots 30 \,|\, 30 \\ c' = 14^m{,}461 \qquad\quad |\ 1 \end{array}$$

Remarque. — Lorsque les données du problème sont prises arbitrairement, la seule condition nécessaire pour que le triangle existe, quand l'angle A est obtus, est que le côté *a* soit le plus grand des deux côtés donnés.

Si l'angle A est aigu et le côté *a* plus grand que le côté *b*, le triangle existe toujours, quels que soient les côtés *a* et *b*.

Lorsque l'angle A est aigu et le côté *a* plus petit que le côté *b*, il y a deux solutions, pourvu que le côté *a* ne soit pas trop petit. Pour trouver la valeur minimum que peut avoir le côté *a* quand l'autre côté *b* et l'angle A sont déjà donnés, construisons le triangle. Après avoir formé l'angle A (*fig.* 11), on prend sur un des côtés une longueur $AC = b$; puis du point C comme centre avec un rayon égal à a, on décrit un arc qui coupe le second côté de l'angle A en deux points B et B′, si le côté a est assez grand. En tirant les droites CB et CB′, on a les deux triangles ACB et ACB′ qui répondent à la question.

Fig. 11.

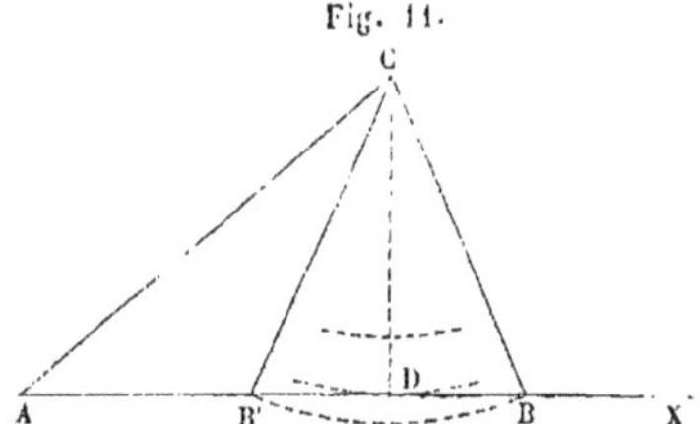

Abaissons ensuite CD perpendiculaire sur AB. Comme le triangle rectangle ACD donne $CD = AC \sin A = b \sin A$, on voit qu'il y a

2 solutions si l'on a $a > b \sin A$;
1 — $a = b \sin A$;
aucune — $a < b \sin A$.

Si l'on essayait de résoudre le triangle dans le cas où le côté a est plus petit que $b \sin A$, le calcul donnerait un résultat impossible. En effet on a alors : $a < b$ et $a < b \sin A$. En divisant membre à membre la première inégalité par la seconde, on obtiendrait $1 < \sin A$, ce qui ne peut jamais avoir lieu puisqu'un sinus ne surpasse jamais 1.

34. Troisième cas. — *Résoudre un triangle en connaissant deux côtés a et b et l'angle compris entre eux.*

Quatrième cas. — *Résoudre un triangle en connaissant les trois côtés a, b et c.*

Si l'on veut résoudre ces deux cas au moyen des formules

$$\frac{a}{\sin A} = \frac{b}{\sin B} = \frac{c}{\sin C},$$

on arrive toujours à une équation à deux inconnues. Néanmoins le problème n'est pas indéterminé. Il y a une autre équation sous-entendue, c'est $A + B + C = 180°$. Mais la résolution de ces équations présente quelques difficultés, parce que les angles y entrent de deux manières différentes.

Prenons alors les formules (7) du n° 29.

Dans le troisième cas, l'angle C étant donné, on connaîtra le côté c au moyen de l'équation $c^2 = a^2 + b^2 - 2bc \cos A$; car on en tire

$$c = \sqrt{a^2 + b^2 - 2bc \cos A}.$$

En effectuant les calculs indiqués, on aurait la valeur du côté c; mais ces calculs sont trop longs. Cette formule n'est pas calculable par logarithmes.

Dans le quatrième cas, on rencontre la même difficulté pour calculer les angles. Par exemple, pour avoir l'angle A on se servirait de l'équation $a^2 = b^2 + c^2 - 2bc \cos A$, d'où l'on tirerait

$$\cos A = \frac{b^2 + c^2 - a^2}{2bc}.$$

Il s'agit maintenant de chercher pour ces deux derniers cas des formules qui permettent de les résoudre aussi simplement que les deux premiers. Le chapitre suivant est consacré aux problèmes nécessaires pour y parvenir.

CHAPITRE V.

FORMULES DIVERSES.

35. Problème I. — *Etant donnés les sinus et les cosinus de deux arcs, trouver le sinus et le cosinus de la somme et de la différence de ces arcs.*

Désignons par a l'arc AM et par b les deux arcs égaux MN et ML (*fig.* 12); l'arc AN sera égal à $a+b$ et l'arc AL égal à $a-b$.

Fig. 12.

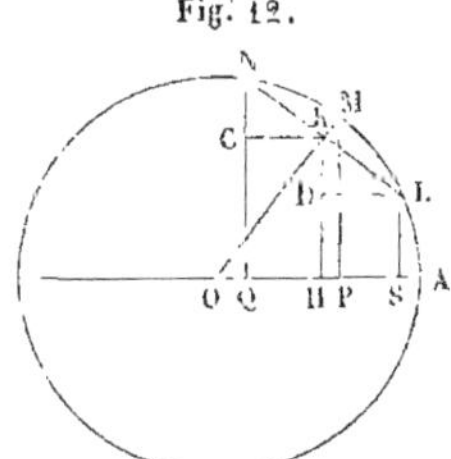

Le rayon OM est perpendiculaire au milieu K de la corde NL. Menons ensuite NQ, KH et MP perpendiculaires sur OA ; nous avons ainsi

$$MP = \sin a,\ OP = \cos a,\ NK = \sin b,\ OK = \cos b,$$
$$NQ = \sin(a+b),\ OQ = \cos(a+b),$$
$$LS = \sin(a-b),\ OS = \cos(a-b).$$

1° Pour calculer $NQ = \sin(a+b)$, menons KC parallèle à OA; nous avons alors

$$\sin(a+b) = CQ + CN = KH + CN.$$

Les triangles semblables OKH, OMP donnent

$$\frac{KH}{MP} = \frac{OK}{OM} \text{ ou } \frac{KH}{\sin a} = \frac{\cos b}{1}, \text{ d'où } KH = \sin a \cos b.$$

Les triangles semblables CNK, OMP donnent

$$\frac{CN}{OP} = \frac{NK}{OM} \text{ ou } \frac{CN}{\cos a} = \frac{\sin b}{1}, \text{ d'où } CN = \sin b \cos a.$$

On a donc $\sin(a+b) = \sin a \cos b + \sin b \cos a.$

2° Pour calculer $LS = \sin(a-b)$, menons LD parallèle à OA ; nous avons alors : $\sin(a-b) = KH - KD = KH - CN.$

Donc $\sin(a-b) = \sin a \cos b - \sin b \cos a.$

3° Nous avons

$$\cos(a+b) = OQ = OH - QH = OH - CK.$$

Les triangles semblables OHK, OMP donnent

$$\frac{OH}{OP} = \frac{OK}{OM}, \quad \text{ou} \quad \frac{OH}{\cos a} = \frac{\cos b}{1}, \quad \text{d'où} \quad OH = \cos a \cos b.$$

Les triangles semblables CKN, OMP donnent

$$\frac{CK}{MP} = \frac{NK}{OM}, \quad \text{ou} \quad \frac{CK}{\sin a} = \frac{\sin b}{1}, \quad \text{d'où} \quad CK = \sin a \sin b.$$

Donc $\cos(a+b) = \cos a \cos b - \sin a \sin b.$

4° Nous avons

$$\cos(a-b) = OS = OH + HS = OH + DL = OH + CK;$$

Donc $\cos(a-b) = \cos a \cos b + \sin a \sin b.$

Remarque. — La démonstration a été donnée sur une figure où la somme des arcs a et b est moindre que 90°, et l'arc b plus petit que l'arc a. Elle se répéterait de la même manière si cette somme était supérieure à 90°, et si l'arc b était plus grand que l'arc a. Il est seulement nécessaire de bien faire attention au signe que doit prendre le cosinus.

Fig. 13.

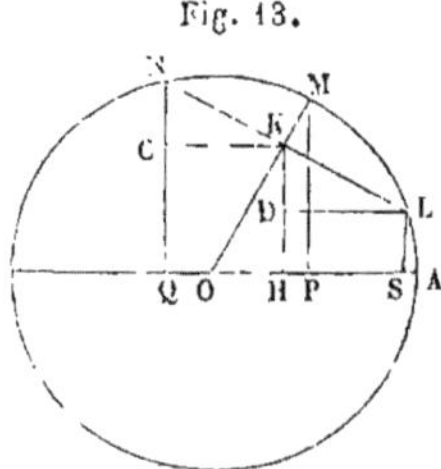

En effet, considérons la figure 13 où l'on a conservé les mêmes lettres que dans la figure précédente. Nous avons, par exemple, $\cos(a+b) = -OQ$, ou, en changeant les signes des deux membres,

$$-\cos(a+b) = OQ = QH - OH = CK - OH.$$

Au moyen des mêmes triangles semblables, on trouvera encore $CK = \sin a \sin b$, et $OH = \cos a \cos b$; on aura donc $-\cos(a+b) = \sin a \sin b - \cos a \cos b$, ou, en changeant les signes des deux membres,

$$\cos(a+b) = \cos a \cos b - \sin a \sin b.$$

Dans les formules relatives à $\sin(a-b)$ et $\cos(a-b)$, l'arc b est toujours inférieur à l'arc a. Le cas où le contraire aurait lieu n'appartient pas à la théorie de la résolution des triangles: cette question sera d'ailleurs traitée d'une manière complète au chapitre XII.

En réunissant les formules trouvées, on a le tableau suivant:

$$(8) \quad \begin{cases} \sin(a+b) = \sin a \cos b + \sin b \cos a, \\ \cos(a+b) = \cos a \cos b - \sin a \sin b. \end{cases}$$

$$(9) \quad \begin{cases} \sin(a-b) = \sin a \cos b - \sin b \cos a, \\ \cos(a-b) = \cos a \cos b + \sin a \sin b. \end{cases}$$

36. PROBLÈME II. — *Étant donnés le sinus et le cosinus d'un arc, trouver le sinus et le cosinus du double de cet arc.*

Les formules (8) étant vraies quels que soient les arcs a et b, dont la somme ne surpasse pas 180°, on peut y supposer b égal à a, ce qui donne

$$(10) \quad \begin{cases} \sin 2a = 2 \sin a \cos a, \\ \cos 2a = \cos^2 a - \sin^2 a. \end{cases}$$

37. PROBLÈME III. — *Étant donné le cosinus d'un arc, trouver le sinus et le cosinus de la moitié de cet arc.*

L'arc a étant le double de l'arc $\frac{a}{2}$, si on remplace a par $\frac{a}{2}$ dans la seconde des formules (10), on obtient $\cos a = \cos^2 \frac{a}{2} - \sin^2 \frac{a}{2}$.

On a de plus (nº 13) . . . . $1 = \cos^2 \frac{a}{2} + \sin^2 \frac{a}{2}$.
Telles sont les deux équations du problème.

En les additionnant membre à membre, on trouve

$$1 + \cos a = 2\cos^2 \frac{a}{2}, \quad \text{d'où} \quad \cos \frac{a}{2} = \pm \sqrt{\frac{1 + \cos a}{2}}.$$

En retranchant la première de la seconde, on trouve

$$1 - \cos a = 2 \sin^2 \frac{a}{2}, \quad \text{d'où} \quad \sin \frac{a}{2} = \pm \sqrt{\frac{1 - \cos a}{2}}.$$

Comme l'arc a ne doit pas surpasser 180^0, l'arc $\frac{a}{2}$ ne peut surpasser 90^0 ; par conséquent, $\cos \frac{a}{2}$ et $\sin \frac{a}{2}$ ne peuvent prendre que le signe $+$. On a donc les deux formules suivantes

$$(11) \qquad \sin \frac{a}{2} = \sqrt{\frac{1 - \cos a}{2}}, \quad \cos \frac{a}{2} = \sqrt{\frac{1 + \cos a}{2}}.$$

38. Problème iv. — *Transformer en un produit la somme et la différence de deux sinus ou cosinus.*

1º En additionnant membre à membre les égalités

$$\sin(a + b) = \sin a \cos b + \sin b \cos a,$$
$$\sin(a - b) = \sin a \cos b - \sin b \cos a,$$

puis en retranchant la seconde de la première, on trouve

$$\sin(a + b) + \sin(a - b) = 2 \sin a \cos b,$$
$$\sin(a - b) - \sin(a - b) = 2 \sin b \cos a.$$

Ces deux formules résolvent le problème ; mais elles ne peuvent pas être traduites facilement en langage ordinaire, c'est-à-dire donner la règle à suivre pour remplacer la somme ou la différence des sinus de deux arcs par un produit équivalent.

Pour y parvenir désignons par p le premier arc $a+b$ et par

q le second arc $a-b$, ce qui est ainsi indiqué

$$a+b=p\,,\quad a-b=q.$$

Ces deux égalités, ajoutées ensemble, donnent $a=\frac{p+q}{2}$.

La seconde retranchée de la première donne $b=\frac{p-q}{2}$.

En remplaçant a et b par ces valeurs dans les égalités obtenues, on a

$$(12)\quad \left\{\begin{aligned} \sin p+\sin q &= 2\sin\frac{p+q}{2}\cos\frac{p-q}{2},\\ \sin p-\sin q &= 2\sin\frac{p-q}{2}\cos\frac{p+q}{2}.\end{aligned}\right.$$

La première, par exemple, exprime la règle suivante : *la somme des sinus de deux arcs est égale au double produit du sinus de la demi-somme de ces arcs par le cosinus de leur demi-différence.*

2° En opérant de la même manière sur les égalités

$$\cos(a+b)=\cos a\cos b-\sin a\sin b,$$
$$\cos(a-b)=\cos a\cos b+\sin a\sin b,$$

et en observant que dans la soustraction il faut retrancher la première de la seconde parce que $\cos(a+b)$ est plus petit que $\cos(a-b)$, on trouve

$$(13)\quad \left\{\begin{aligned} \cos p+\cos q &= 2\cos\frac{p+q}{2}\cos\frac{p-q}{2},\\ \cos q-\cos p &= 2\sin\frac{p+q}{2}\sin\frac{p-q}{2}.\end{aligned}\right.$$

Remarque I. — Pour transformer en un produit la somme ou la différence d'un sinus et d'un cosinus, on remplace le cosinus par le sinus du complément, ce qui ramène au cas précédent.

Soit par exemple $\sin a+\cos b$. Cette somme est égale à $\sin a+\sin(90^\circ-b)$. En appliquant à cette somme de deux sinus la règle trouvée, on a

$$\sin a + \cos b = 2 \sin\left(45^\circ + \frac{a-b}{2}\right) \cos\left(\frac{a+b}{2} - 45^\circ\right).$$

REMARQUE II. — On a quelquefois besoin dans les calculs de transformer le binôme $1 + \sin a$ en un produit. On peut alors regarder 1 comme le sinus de 90°; il n'y a plus qu'à appliquer la règle précédente à la somme $\sin 90^\circ + \sin a$, et à la différence $\sin 90^\circ - \sin a$.

S'il s'agissait du binôme $1 + \cos a$, on pourrait opérer de la même manière. Mais les formules (11) donnent plus simplement

$$1 - \cos a = 2 \sin^2 \frac{a}{2}, \quad 1 + \cos a = 2 \cos^2 \frac{a}{2}.$$

39. PROBLÈME V. — *Trouver le rapport entre la somme de deux sinus et leur différence.*

Divisons membre à membre les deux égalités (12), en supprimant en même temps dans le résultat le facteur 2 au numérateur et au dénominateur, nous obtenons

$$\frac{\sin p + \sin q}{\sin p - \sin q} = \frac{\sin \frac{p+q}{2} \cos \frac{p-q}{2}}{\sin \frac{p-q}{2} \cos \frac{p+q}{2}} = \frac{\sin \frac{p+q}{2}}{\cos \frac{p+q}{2}} \times \frac{\cos \frac{p-q}{2}}{\sin \frac{p-q}{2}}$$

Or le sinus d'un arc divisé par le cosinus du même arc donne la tangente de cet arc, et le cosinus divisé par le sinus donne la cotangente (n° 13); on a donc d'après cela

$$\frac{\sin p + \sin q}{\sin p - \sin q} = \operatorname{tang} \frac{p+q}{2} \times \operatorname{cotg} \frac{p-q}{2}.$$

On sait de plus que $\operatorname{cotg} \frac{p-q}{2}$ est égal à $\dfrac{1}{\operatorname{tang} \frac{p-q}{2}}$; on obtient ainsi

$$\frac{\sin p + \sin q}{\sin p - \sin q} = \frac{\operatorname{tang} \frac{p+q}{2}}{\operatorname{tang} \frac{p-q}{2}}. \tag{14}$$

40. Problème VI. — *Etant données les tangentes de deux arcs, trouver la tangente de la somme et de la différence de ces arcs.*

D'après les formules (1) et (8), on a d'abord

$$\text{tang}\,(a+b)=\frac{\sin(a+b)}{\cos(a+b)}=\frac{\sin a\cos b+\sin b\cos a}{\cos a\cos b-\sin a\sin b}.$$

Divisant le numérateur et le dénominateur par $\cos a \cos b$ et supprimant les facteurs communs aux deux termes de chaque fraction, on trouve

$$\text{tang}\,(a+b)=\frac{\dfrac{\sin a\cos b}{\cos a\cos b}+\dfrac{\sin b\cos a}{\cos a\cos b}}{\dfrac{\cos a\cos b}{\cos a\cos b}-\dfrac{\sin a\sin b}{\cos a\cos b}}$$

$$=\frac{\dfrac{\sin a}{\cos a}+\dfrac{\sin b}{\cos b}}{1-\dfrac{\sin a}{\cos a}\times\dfrac{\sin b}{\cos b}}=\frac{\text{tang}\,a+\text{tang}\,b}{1-\text{tang}\,a\,\text{tang}\,b}.$$

Pour tang $(a-b)$, il n'y a qu'à changer dans ce qui précède $+$ en $-$ au numérateur et $-$ en $+$ au dénominateur. On a donc :

$$(15)\qquad\left\{\begin{aligned}\text{tang}\,(a+b)&=\frac{\text{tang}\,a+\text{tang}\,b}{1-\text{tang}\,a\,\text{tang}\,b},\\ \text{tang}\,(a-b)&=\frac{\text{tang}\,a-\text{tang}\,b}{1+\text{tang}\,a\,\text{tang}\,b}.\end{aligned}\right.$$

Remarque I. — En se rappelant que tang 45° égale 1, on a

$$\text{tang}\,(45^\circ+a)=\frac{1+\text{tang}\,a}{1-\text{tang}\,a},\qquad \text{tang}\,(45^\circ-a)=\frac{1-\text{tang}\,a}{1+\text{tang}\,a}.$$

Ces relations sont souvent utilisées dans les calculs.

Remarque II. — Si l'on fait $b=a$ dans la première des formules (15), on obtient

$$\text{tang}\,2a=\frac{2\,\text{tang}\,a}{1-\text{tang}^2 a}.$$

CHAPITRE VI

RÉSOLUTION D'UN TRIANGLE.

41. Troisième cas. — *Résoudre un triangle en connaissant deux côtés a et b, et l'angle C compris entre eux.*

Cherchons d'abord les angles A et B. Nous connaissons déjà leur somme qui est égale à $180^o - C$; il suffit donc d'obtenir leur différence.

La formule (14) donne déjà

$$\frac{\sin A + \sin B}{\sin A - \sin B} = \frac{\operatorname{tang} \frac{A+B}{2}}{\operatorname{tang} \frac{A-B}{2}}.$$

Pour remplacer le premier membre par une valeur exprimée en fonction des côtés donnés a et b, nous emploierons la proportion $\frac{\sin A}{a} = \frac{\sin B}{b}$. D'après un principe démontré en arithmétique, on en tire

$$\frac{\sin A + \sin B}{\sin A - \sin B} = \frac{a+b}{a-b}.$$

Les premiers membres de cette égalité et de la première étant égaux, on a

$$(16) \qquad \frac{\operatorname{tang} \frac{A+B}{2}}{\operatorname{tang} \frac{A-B}{2}} = \frac{a+b}{a-b}.$$

C'est là l'équation qui permet de calculer la différence des angles A et B; car on en tire

$$\text{tang}\,\frac{A-B}{2}=\text{tang}\,\frac{A+B}{2}\times\frac{a-b}{a+b}.$$

La somme et la différence des angles A et B étant ainsi connues, on sait que le plus grand est égal à la demi-somme plus la demi-différence, et que le plus petit est égal à la demi-somme moins la demi-différence.

Pour calculer ensuite le côté c, on a

$$\frac{c}{\sin C}=\frac{a}{\sin A},\qquad \text{d'où } c=\frac{a\sin C}{\sin A}.$$

Remarque. — On peut obtenir le côté c un peu plus simplement. En effet, d'après un principe concernant une suite de rapports égaux, la suite $\frac{c}{\sin C}=\frac{b}{\sin B}=\frac{a}{\sin A}$ donne

$$\frac{c}{\sin C}=\frac{a+b}{\sin A+\sin B},\qquad c=\frac{(a+b)\sin C}{\sin A+\sin B}.$$

Or la formule (12) donne

$$\sin A+\sin B=2\sin\frac{A+B}{2}\cos\frac{A-B}{2};$$

la formule (10) donne aussi

$$\sin C=2\sin\frac{C}{2}\cos\frac{C}{2}.$$

En substituant ces résultats dans la valeur trouvée pour c, on obtient

$$c=\frac{(a+b)\,2\sin\frac{C}{2}\cos\frac{C}{2}}{2\sin\frac{A+B}{2}\cos\frac{A-B}{2}}=\frac{(a+b)\sin\frac{C}{2}}{\cos\frac{A-B}{2}};$$

car $\frac{C}{2}$ étant le complément de $\frac{A+B}{2}$, le facteur $\cos\frac{C}{2}$ est égal au facteur $\sin\frac{A+B}{2}$.

Par cette dernière méthode, on utilise dans le calcul du côté c le logarithme de $a+b$, déjà employé dans le calcul des angles, et l'on n'a à chercher que deux nouveaux logarithmes au lieu de trois.

EXEMPLE. — *Dans un triangle on a*

$$a = 215^m,36, \quad b = 183^m,47, \quad C = 71°\,25'\,14'';$$

calculer les angles A *et* B, *et le côté* c.

Calcul de A *et* B.

$$\text{tang}\,\frac{A-B}{2} = \text{tang}\,\frac{A+B}{2} \times \frac{a-b}{a+b}.$$

$$\log\text{tang}\,\frac{A-B}{2} = \log\text{tang}\,\frac{A+B}{2} + \log(a-b) - \log(a+b).$$

$$A+B = 180° - C = 108°\,34'\,46'', \qquad a+b = 398,83,$$

$$\frac{A+B}{2} = 54°\,17'\,23''. \qquad a-b = 31,89.$$

$$\log\text{tang}\,\frac{A+B}{2} = 0,14336$$

$$\log(a-b) = 1,50365$$

$$-\log(a+b) = \bar{3},39921$$

$$\log\text{tang}\,\frac{A-B}{2} = \bar{1},04622$$

6° 20' 528

49'' . . . 94

60

5640 | 115

| 49

$$\frac{A-B}{2} = 6°\,20'\,49''$$

$$A = \frac{A+B}{2} + \frac{A-B}{2} = 60°\,38'\,12''$$

$$B = \frac{A+B}{2} - \frac{A-B}{2} = 47°\,56'\,34''.$$

Calcul de c.

$$c = \frac{(a+b)\sin\frac{C}{2}}{\cos\frac{A-B}{2}}.$$

$$\log c = \log(a+b) + \log\sin\frac{C}{2} - \log\cos\frac{A-B}{2}.$$

$$\frac{C}{2} = 35^\circ\,42'\,37''.$$

$\log(a+b) = 2,60079$

$\log\sin\frac{C}{2} = \overline{1},76618$

$-\log\cos\frac{A-B}{2} = 0,00266$

$\log c = 2,36963$

2342 59

02. . . . . 40 | 18, 2

$c = 234^m,22$

42. Quatrième cas. — *Résoudre un triangle en connaissant les trois côtés a, b et c.*

1° Nous avons déjà (nos 36 et 33) les égalités

$$\sin\frac{A}{2} = \sqrt{\frac{1-\cos A}{2}}, \quad \cos A = \frac{b^2+c^2-a^2}{2bc}.$$

Remplaçons dans la première cos A par sa valeur que donne la seconde ; nous aurons

$$\sin\frac{A}{2} = \sqrt{\frac{1-\frac{b^2+c^2-a^2}{2bc}}{2}} = \sqrt{\frac{2bc-b^2-c^2+a^2}{4bc}}.$$

Or $2bc-b^2-c^2$ est le carré de $b-c$ qui aurait été changé de signe, ou, ce qui est la même chose, qui aurait été retranché de a^2 au lieu de lui être ajouté dans le numérateur de la fraction placée sous le second radical. On peut donc écrire

$$\sin\frac{A}{2} = \sqrt{\frac{a^2-(b^2+c^2-2bc)}{4bc}} = \sqrt{\frac{a^2-(b-c)^2}{4bc}}.$$

Mais la différence des carrés des quantités a et $b-c$ étant égale à la somme de ces quantités, multipliée par leur différence, on a

$$\sin\frac{A}{2}=\sqrt{\frac{(a+b-c)(a-b+c)}{4bc}}.$$

Cette formule est calculable par logarithmes ; mais on peut lui donner une forme plus simple. Pour cela, représentons le périmètre du triangle par $2p$, ce qui est exprimé par l'égalité $a+b+c=2p$.

En ôtant $2c$ aux deux membres et en ôtant de même $2b$, on trouve

$$a+b-c=2p-2c=2(p-c),$$
$$a-b+c=2p-2b=2(p-b).$$

Si l'on substitue ces valeurs dans celle qu'on vient de trouver pour $\sin\frac{A}{2}$, on obtient, après la suppression du facteur 4 commun aux deux termes,

(17) $$\sin\frac{A}{2}=\sqrt{\frac{(p-b)(p-c)}{bc}}.$$

Il suffit d'examiner la composition de ce résultat pour l'appliquer aux deux autres angles, sans recommencer ces calculs. On trouve

$$\sin\frac{B}{2}=\sqrt{\frac{(p-a)(p-c)}{ac}},\quad \sin\frac{C}{2}=\sqrt{\frac{(p-a)(p-b)}{ab}}.$$

2° Si on opère de la même manière sur les égalités

$$\cos\frac{A}{2}=\sqrt{\frac{1+\cos A}{2}},\quad \cos A=\frac{b^2+c^2-a}{2bc},$$

on obtiendra

(18) $$\cos\frac{A}{2}=\sqrt{\frac{p(p-a)}{bc}}.$$

Pour les deux autres angles, on trouve

$$\cos\frac{B}{2}=\sqrt{\frac{p(p-b)}{ac}},\qquad \cos\frac{C}{2}=\sqrt{\frac{p(p-c)}{ab}}.$$

3° En divisant membre à membre les égalités (17) et (18), on obtient

$$\text{(19)}\qquad \operatorname{tang}\frac{A}{2}=\sqrt{\frac{(p-b)(p-c)}{p(p-a)}}.$$

Pour les deux autres angles on trouve

$$\operatorname{tang}\frac{B}{2}=\sqrt{\frac{(p-a)(p-c)}{p(p-b)}},$$

$$\operatorname{tang}\frac{C}{2}=\sqrt{\frac{(p-a)(p-b)}{p(p-c)}}.$$

D'après la remarque faite au n° 26, c'est la formule (19) et les deux qui l'accompagnent qu'on devra employer de préférence pour le calcul des angles d'un triangle. De plus, les quatre logarithmes qui ont servi pour un angle sont aussi employés pour les deux autres.

Exemple. — *Dans un triangle on a*

$$a=64^{m},258,\quad b=56^{m},174,\quad c=47^{m},942;$$

calculer les trois angles.

$$\begin{aligned} a&=64,258\\ b&=56,174\\ c&=47,942\\ \hline 2p&=168,374 \end{aligned}$$

$p=84,187$	$\log p=1,92525$
$p-a=19,929$	$\log(p-a)=1,29949$
$p-b=28,013$	$\log(p-b)=1,44736$
$p-c=36,245$	$\log(p-c)=1,55925$

Calcul de A.

$$\operatorname{tang}\frac{A}{2}=\sqrt{\frac{(p-b)(p-c)}{p(p-a)}}$$

$$\log\operatorname{tang}\frac{A}{2}=\frac{1}{2}[\log(p-b)+\log(p-c)-\log p-\log(p-a)]$$

$$\begin{aligned}\log(p-b)&=1,44736\\ \log(p-c)&=1,55925\\ -\log p&=\bar{2},07475\\ -\log(p-a)&=\bar{2},70051\\ \hline 2\log\operatorname{tang}\frac{A}{2}&=\bar{1},78187\\ \log\operatorname{tang}\frac{A}{2}&=\bar{1},89094\end{aligned}$$

$$\begin{array}{lr} 37^{\circ}52'\ \ldots\ldots & 73\\ 47''\ \ldots\ldots & 21\\ & 60\\ \frac{A}{2}=37^{\circ}52'47'' & 1260 \mid 26\\ A=75^{\circ}45'34'' & \mid 47\end{array}$$

Calcul de B.

$$\operatorname{tang}\frac{B}{2}=\sqrt{\frac{(p-a)(p-c)}{p(p-b)}}$$

$$\log\operatorname{tang}\frac{B}{2}=\frac{1}{2}[\log+(p-a)\log(p-b)-\log p-\log(p-b)]$$

Calcul de C.

$$\operatorname{tang}\frac{C}{2}=\sqrt{\frac{(p-a)(p-b)}{p(p-c)}}$$

$$\log\operatorname{tang}\frac{C}{2}=\frac{1}{2}[\log(p-a)+\log(p-b)-\log p-\log(p-c)]$$

En faisant les calculs indiqués, comme on a fait pour l'angle A, on trouve

$$B=57^{\circ}55'24'',\quad C=46^{\circ}19'0''.$$

La somme des trois angles trouvés ne diffère de 180^{0} que de $2''$.

CHAPITRE VII

SURFACE DU TRIANGLE ET DU QUADRILATÈRE.

43. La trigonométrie fournit des formules très-simples pour calculer la surface d'un triangle, quand on connaît trois de ses parties, parmi lesquelles il y a au moins un côté.

1° *Calculer la surface d'un triangle, étant donnés deux côtés et l'angle compris entre eux.*

Fig. 14.

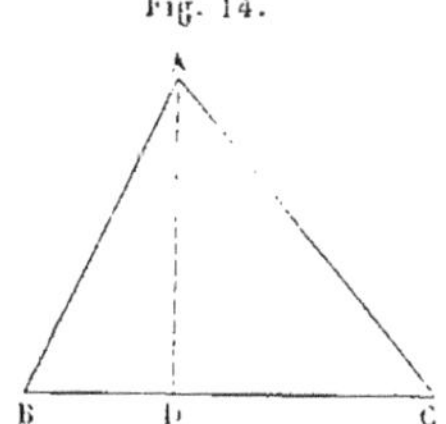

Dans le triangle ABC (*fig.* 14) menons la hauteur AD. Nous avons d'abord

$$ABC = \frac{BC \times AD}{2} = \frac{a \times AD}{2}.$$

Or le triangle rectangle ACD donne : $AD = AC \sin C = b \sin C$. En substituant cette valeur de AD dans l'égalité précédente, on a :

$$(20) \qquad ABC = \frac{a\,b \sin C}{2}.$$

Donc *la surface d'un triangle est égale au demi-produit de deux côtés multiplié par le sinus de l'angle compris entre ces côtés.*

2° *Calculer la surface d'un triangle, étant donnés un côté et les angles.*

Pour résoudre cette question, il suffit d'éliminer le côté b de la formule (20). Or la proportion $\frac{a}{\sin A} = \frac{b}{\sin B}$ donne $b = \frac{a \sin B}{\sin A}$; cette valeur de b substituée dans la formule (20) donne

$$ABC = \frac{a^2 \sin B \sin C}{2 \sin A}. \tag{21}$$

Donc *la surface d'un triangle est égale au carré d'un côté multiplié par le produit des sinus des deux angles adjacents à ce côté, et divisé par le double du sinus du troisième angle.*

3° *Calculer la surface d'un triangle, étant donnés les trois côtés.*

Il faut chercher $\sin C$ en fonction des trois côtés, et substituer le résultat dans la formule (20).

D'après le n° 36, on a

$$\sin C = 2 \sin \frac{C}{2} \cos \frac{C}{2};$$

les formules (17) et (18) donnent aussi

$$\sin \frac{C}{2} = \sqrt{\frac{(p-a)(p-b)}{ab}}, \qquad \cos \frac{C}{2} = \sqrt{\frac{p(p-c)}{ab}}.$$

En substituant ces valeurs dans celle de $\sin C$, on trouve

$$\sin C = 2\sqrt{\frac{(p-a)(p-b)}{ab}} \times \sqrt{\frac{p(p-c)}{ab}} = \frac{2}{ab}\sqrt{p(p-a)(p-b)(p-c)}.$$

Enfin ce résultat, substitué à $\sin C$ dans la formule (20), donne

$$ABC = \sqrt{p(p-a)(p-b)(p-c)}. \tag{22}$$

Donc, *la surface d'un triangle est égale à la racine carrée du produit du demi-périmètre multiplié par l'excès de ce demi-périmètre sur chacun des trois côtés.*

44. *Calculer la surface d'un quadrilatère, étant donnés les deux diagonales et l'angle qu'elles forment entre elles.*

Remarquons (*fig.* 15) d'abord que l'angle aigu et l'angle obtus adjacents que les diagonales forment à leur intersection

Fig. 15.

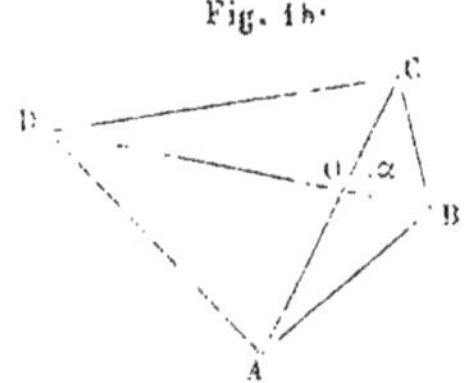

étant supplémentaires, leurs sinus sont égaux : désignons l'angle aigu par α.

D'après la formule (20), on a

$$\left\{\begin{array}{l} ABO = AO \times BO \times \dfrac{\sin\alpha}{2}, \\ BCO = CO \times BO \times \dfrac{\sin\alpha}{2}; \end{array}\right. \qquad \left\{\begin{array}{l} ADO = AO \times DO \times \dfrac{\sin\alpha}{2}, \\ CDO = CO \times DO \times \dfrac{\sin\alpha}{2}. \end{array}\right.$$

En additionnant membre à membre les deux égalités de chacun des deux groupes, on obtient

$$ABC = AC \times BO \times \frac{\sin\alpha}{2}, \qquad ACD = AC \times DO \times \frac{\sin\alpha}{2}.$$

L'addition de ces deux dernières égalités, membre à membre, donne enfin

$$ABCD = \frac{AC \times BD \times \sin\alpha}{2}. \tag{23}$$

Donc *la surface d'un quadrilatère est égale au demi-produit des deux diagonales multiplié par le sinus de l'angle aigu qu'elles forment entre elles.*

CHAPITRE VIII

PROBLÈMES SUR LA MESURE DES DISTANCES INACCESSIBLES.

45. PROBLÈME I. — *Mesurer la hauteur d'une tour dont le pied est accessible.*

Soit SA la hauteur verticale à mesurer (*fig.* 16). On place le graphomètre en un point B, tel que la distance BA ne diffère

Fig. 16.

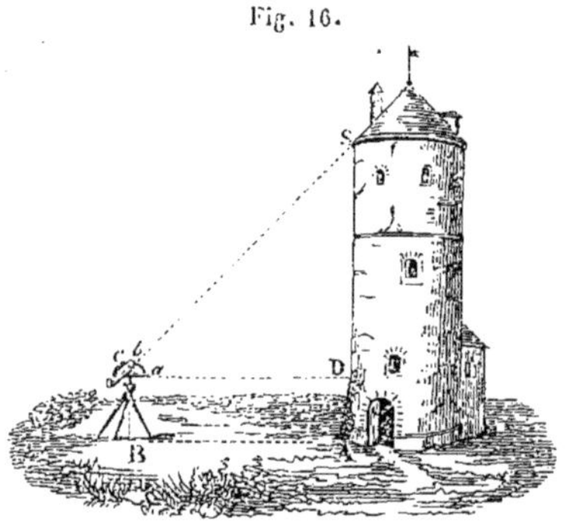

pas trop de la hauteur SA. On établit le limbe de l'instrument dans un plan vertical passant par le point S, en rendant en même temps horizontale l'alidade fixe qui donne alors la direction horizontale *c*D, le point *c* étant le centre de l'instrument. On dirige ensuite l'alidade mobile vers le point S, et on détermine au moyen de l'arc *ab* l'angle S*c*D. On mesure en outre la distance *c*D, en portant la chaîne horizontalement sur le sol dans la direction BA.

On connaît ainsi dans le triangle rectangle S*c*D le côté *c*D et l'angle S*c*D; on pourra donc calculer le côté SD. Au résultat trouvé, il faudra encore ajouter la hauteur DA du point D au-dessus du sol.

46. PROBLÈME II. — *Trouver la hauteur d'une montagne.*

Soit SH la hauteur verticale du sommet S au-dessus de la plaine (*fig.* 17). On prendra deux points A et B dont on mesurera

Fig. 17.

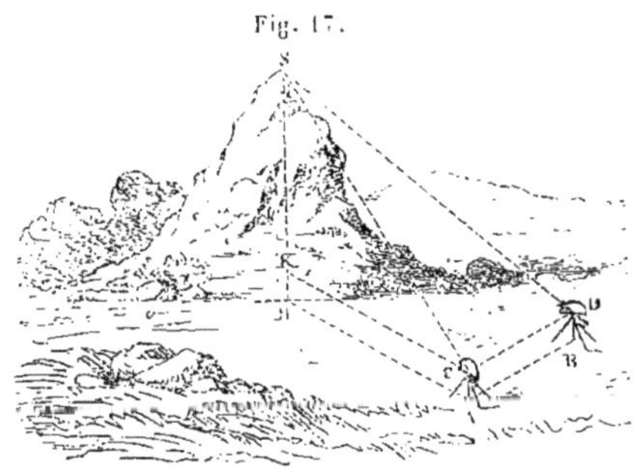

la distance, en ayant soin que cette distance ne diffère pas trop des distances SA, SB. Le graphomètre étant placé en A, et un jalon planté en B, on met le limbe de l'instrument dans une position telle que son plan passe par S et par D; puis alignant l'alidade fixe vers D dans une direction horizontale, et l'alidade mobile vers S, on mesure l'angle SCD. On mesure de même en ce point l'angle SCK en plaçant verticalement le limbe de l'instrument, de manière que son plan passe encore par S, que l'alidade fixe soit dans la direction horizontale CK et l'alidade mobile dans la direction CS. En transportant l'instrument au point B, on mesure l'angle SDC comme on a mesuré l'angle SCD.

On connaît ainsi dans le triangle SCD le côté CD et les deux angles adjacents; on pourra donc calculer le côté SC. Or ce côté est l'hypoténuse du triangle rectangle SCK dans lequel on connaît encore l'angle SCK. On pourra donc calculer le côté SK, auquel on ajoutera la hauteur KH ou CA pour avoir la hauteur demandée.

47. Problème III. — *Trouver la distance de deux points inaccessibles.*

Considérons les deux points A et B (*fig.* 18) situés par exemple au-delà d'une rivière. On mesure sur le terrain une base CD

Fig. 18.

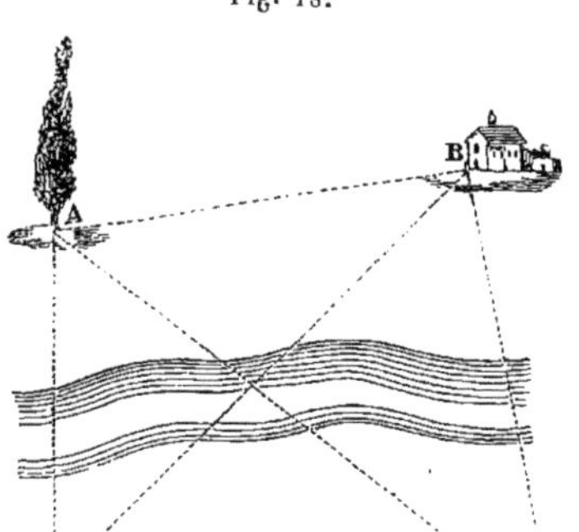

des extrémités de laquelle on puisse apercevoir distinctement les points A et B.

Avec le graphomètre placé en D, on mesure les deux angles CDB, CDA, et en C les angles ACD, ACB et BCD. Il faut observer que les quatre points A, B, C, D pouvant ne pas se trouver dans un même plan, l'angle BCD n'est pas toujours égal à la différence des angles ACD, ACB.

Dans le triangle ACD, le côté CD et les angles ACD, ADC étant connus, on pourra calculer le côté AC. Dans le triangle BCD, le côté CD et les angles BCD, BDC étant connus, on pourra calculer de même le côté BC.

Ainsi, dans le triangle ABC, on connaît les côtés AC, BC et l'angle ACB compris entre eux ; on pourra donc calculer le côté AB qui est la distance demandée.

Remarque. Pour obtenir le côté AB, il n'est pas absolument nécessaire de connaître la longueur des côtés AC et BC ; il suffit d'avoir leurs logarithmes.

En effet, dans le triangle ABC, désignons comme à l'ordinaire les trois angles par A, B, C, et les côtés qui leur sont opposés par a, b, c. On a, d'après le n° 41 :

$$\operatorname{tang}\frac{A-B}{2}=\operatorname{tang}\frac{A+B}{2}\times\frac{a-b}{a+b}.$$

Divisant le numérateur et le dénominateur du second membre par a, on trouve :

$$\operatorname{tang}\frac{A-B}{2}=\operatorname{tang}\frac{A+B}{2}\times\frac{1-\frac{b}{a}}{1+\frac{b}{a}}.$$

Comme la tangente d'un angle peut prendre toutes les valeurs depuis zéro jusqu'à l'infini quand l'angle varie depuis 0° jusqu'à 90°, on peut, quel que soit le quotient $\frac{b}{a}$, le regarder comme exprimant la tangente d'un angle φ que l'on calculera par la relation $\operatorname{tang}\varphi=\frac{b}{a}$.

Remplaçant donc $\frac{b}{a}$ par $\operatorname{tang}\varphi$, on obtient :

$$\operatorname{tang}\frac{A-B}{2}=\operatorname{tang}\frac{A+B}{2}\times\frac{1-\operatorname{tang}\varphi}{1+\operatorname{tang}\varphi}.$$

Mais on a déjà trouvé au n° 40 :

$$\frac{1-\operatorname{tang}\varphi}{1+\operatorname{tang}\varphi}=\operatorname{tang}(45^\circ-\varphi).$$

On a donc, pour calculer les angles du triangle ABC, les deux formules :

$$(24)\quad\left\{\begin{aligned}&\operatorname{tang}\varphi=\frac{b}{a},\\&\operatorname{tang}\frac{A-B}{2}=\operatorname{tang}\frac{A+B}{2}\times\operatorname{tang}(45^\circ-\varphi).\end{aligned}\right.$$

Elles donnent pour le calcul

$$\log \operatorname{tang} \varphi = \log b - \log a,$$

$$\log \operatorname{tang} \frac{A-B}{2} = \log \operatorname{tang} \frac{A+B}{2} + \log \operatorname{tang} (45^\circ - \varphi).$$

On déterminera ensuite le côté $AB = c$ par la formule

$$\frac{c}{\sin C} = \frac{a}{\sin A}, \quad \text{d'où } c = \frac{a \sin C}{\sin A}.$$

EXEMPLE. — *Soit* $CD = 126^m,34$, $ACD = 81^\circ\,12'\,18''$, $BCD = 39^\circ\,45'\,22''$, $ACB = 41^\circ\,26'\,56''$, $CDB = 24^\circ\,8'\,14''$, $CDA = 28^\circ\,15'\,36''$.

Le côté BC est désigné par a; le côté AC par b.

Calcul de log a *au moyen du triangle* BCD.

$$\frac{a}{\sin CDB} = \frac{CD}{\sin CBD}$$

$$\log a = \log CD + \log \sin CDB - \log \sin CBD$$

$$CBD = 180^\circ - (BCD + BDC) = 66^\circ\,6'\,24''$$

$$\log CD = 2,10154$$
$$\log \sin CDB = \bar{1},98314$$
$$-\log \sin CBD = 0,03891$$
$$\log a = 2,12359$$

Calcul de log b *au moyen du triangle* ADC.

$$\frac{b}{\sin ADC} = \frac{CD}{\sin CAD}$$

$$\log b = \log CD + \log \sin ADC - \log \sin CAD$$

$$CAD = 180^\circ - (ACD + ADC)$$
$$= 70^\circ\,32'\,6''$$

$$\log CD = 2,10154$$
$$\log \sin ADC = \bar{1},67530$$
$$-\log \sin CAD = 0,02556$$
$$\log b = 1,80240$$

Calcul de φ.

$$\log \operatorname{tang} \varphi = \log b - \log a$$

$$\log b = 1{,}80240$$
$$\log a = 2{,}12359$$
$$\log \operatorname{tang} \varphi = \bar{1}{,}67881$$
$$\varphi = 25^\circ\, 30'\, 58''$$

Calcul de A *et de* B *dans le triangle* ABC.

$$\log \operatorname{tang} \frac{A-B}{2} = \log \operatorname{tang} \frac{A+B}{2} + \log \operatorname{tang} (45^\circ - \varphi)$$

$$\frac{A+B}{2} = 90^\circ - \frac{ACB}{2} = 69^\circ\, 16'\, 32''$$
$$45^\circ - \varphi = 19^\circ\, 29'\, 2''$$
$$\log \operatorname{tang} \frac{A+B}{2} = 0{,}42210$$
$$\log \operatorname{tang} (45^\circ - \varphi) = \bar{1}{,}54877$$
$$\log \operatorname{tang} \frac{A-B}{2} = \bar{1}{,}97087$$
$$\frac{A-B}{2} = 43^\circ\, 4'\, 48''$$
$$A = 112^\circ\, 21'\, 20''$$
$$B = 26^\circ\, 11'\, 44''$$

Calcul de c *dans le triangle* ABC.

$$\log c = \log a + \log \sin C - \log \sin A$$
$$\log a = 2{,}12359$$
$$\log \sin C = \bar{1}{,}82083$$
$$-\log \sin A = 0{,}03393$$
$$\log c = 1{,}97835$$
$$c = 95^{m}{,}137$$

48. Problème iv. — *Trois points d'un terrain étant marqués sur le plan de ce terrain ou la carte du pays, déterminer sur ce plan ou cette carte la position d'un quatrième point du terrain.*

Pour faire comprendre l'utilité de ce problème, supposons qu'on ait découvert en mer un écueil que nous désignerons par M′, et qu'il s'agisse de marquer sa position sur la carte. On prendra sur la côte trois points A′, B′, C′ déjà marqués sur la carte en A, B, C (*fig.* 19), et qui puissent être aperçus du point M′. On se transportera en ce dernier point, et de là on

Fig. 19.

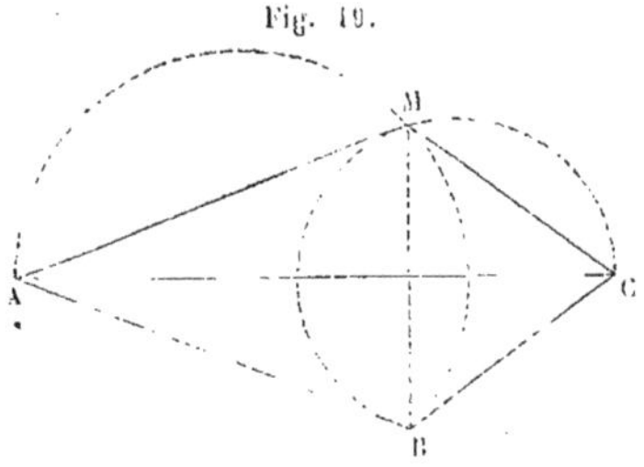

mesurera les angles A′M′B′, B′M′C′. Il ne restera plus qu'à décrire dans la carte sur AB un segment de cercle capable de l'angle A′M′B′, et sur BC un segment capable de l'angle B′M′C′. Le point M où les deux arcs se coupent est le point cherché.

Résolvons maintenant ce problème par la trigonométrie : cela revient à calculer les distances du point M′ aux points A′, B′, C′.

Déterminons d'abord les angles MAB, MCB : soit x le premier et y le second. Désignons par α l'angle connu CMB, par γ l'angle connu AMB, par A, B, C les trois angles du triangle ABC, et par a, b, c les trois côtés opposés à ces angles.

La somme des angles du quadrilatère ABCM étant égale à quatre angles droits, on a déjà

$$x + y = 360^\circ - (B + \alpha + \gamma).$$

Pour connaître la différence $x-y$, on a la formule

$$\frac{\tang\frac{x+y}{2}}{\tang\frac{x-y}{2}}=\frac{\sin x+\sin y}{\sin x-\sin y},$$

d'où il faut éliminer $\sin x$ et $\sin y$.

Or les deux triangles AMB, BMC donnent

$$\frac{\sin x}{\mathrm{BM}}=\frac{\sin \gamma}{c},\quad \frac{\sin y}{\mathrm{BM}}=\frac{\sin \alpha}{a}.$$

Divisant la première de ces deux égalités par la seconde, on trouve

$$\frac{\sin x}{\sin y}=\frac{a\sin \gamma}{c\sin \alpha}.$$

Pour simplifier, on peut diviser les deux termes du second membre par $\sin \gamma$; on a ainsi

$$\frac{\sin x}{\sin y}=\frac{a}{\left(\frac{c\sin \alpha}{\sin \gamma}\right)}.$$

Si nous désignons par d la ligne $\frac{c\sin\alpha}{\sin\gamma}$, nous aurons

$$\frac{\sin x}{\sin y}=\frac{a}{d}.$$

De cette proportion on tire, d'après un principe démontré en arithmétique,

$$\frac{\sin x+\sin y}{\sin x-\sin y}=\frac{a+d}{a-d}.$$

En substituant le second membre de cette égalité à la place du second dans la deuxième des égalités précédentes, on obtient

$$\frac{\tang\frac{x+y}{2}}{\tang\frac{x-y}{2}}=\frac{a+d}{a-d}. \tag{25}$$

On calculera d'abord la quantité d au moyen de la relation

$$d = \frac{c \sin \alpha}{\sin \gamma},$$

et on trouvera ensuite la différence des angles x et y au moyen de la formule (25).

Les angles MAB, MCB étant ainsi connus, on calculera les distances du point M' aux points A', B', C', au moyen des deux triangles représentés sur la carte par les triangles AMB, BMC, dans chacun desquels on connaît un côté et deux angles.

Remarque. — Il pourrait arriver que, dans une application de ce problème, on trouvât $a = d$, c'est-à-dire $a = \frac{c \sin \alpha}{\sin \gamma}$, et, en même temps, $x + y = 180^\circ$. Dans ce cas, la formule (25) donnerait

$$\operatorname{tang} \frac{x-y}{2} = \infty \times \frac{0}{a+d} = \infty \times 0 = \frac{0}{0}.$$

Ce résultat montre que $\frac{x-y}{2}$ est indéterminé, et que, par conséquent, le point cherché M sur la carte est indéterminé aussi (*). Cherchons à quoi tient cette singularité.

En observant qu'on a

$$x + y = 180^\circ \text{ et } x + y = 360^\circ - (B + \alpha + \gamma),$$

on en déduit

$$180^\circ = 360^\circ - (B + \alpha + \gamma), \text{ d'où } \alpha + \gamma = 180^\circ - B.$$

De plus, le triangle ABC donne $A + C = 180^\circ - B$; on a donc

$$\alpha + \gamma = A + C.$$

(*) Il est facile de voir que $\infty \times 0$ est équivalent à $\frac{0}{0}$; car ∞ est la même chose que $\frac{n}{0}$, n étant un nombre quelconque. Or, d'après la règle de la multiplication, on a $\frac{n}{0} \times 0 = \frac{0}{0}$.

Or l'égalité $a=\frac{c \sin \alpha}{\sin \gamma}$ donne $\frac{\sin \alpha}{\sin \gamma}=\frac{a}{c}$.

Le triangle ABC donne aussi $\frac{\sin A}{\sin C}=\frac{a}{c}$.

De ces deux égalités, on tire $\frac{\sin \alpha}{\sin \gamma}=\frac{\sin A}{\sin C}$,

et, par suite,

$$\frac{\sin \alpha+\sin \gamma}{\sin \alpha-\sin \gamma}=\frac{\sin A+\sin C}{\sin A-\sin C}.$$

D'après la formule (14), cette dernière égalité peut être remplacée par la suivante

$$\frac{\operatorname{tang} \frac{\alpha+\gamma}{2}}{\operatorname{tang} \frac{\alpha-\gamma}{2}}=\frac{\operatorname{tang} \frac{A+C}{2}}{\operatorname{tang} \frac{A-C}{2}}.$$

Comme la somme $\alpha+\gamma$ est égale à la somme $A+C$, cette dernière égalité montre que la différence $\alpha-\gamma$ est aussi égale à la différence $A-C$; on a

$$\alpha=A \quad \text{et} \quad \gamma=C.$$

Par conséquent, le sommet de l'angle α se trouve sur la circonférence passant par B, C et A ; le sommet de l'angle γ se trouve sur la circonférence passant par ces mêmes points. Les deux segments, qui seraient décrits sur AB et sur BC, d'après ce qui a été dit plus haut pour la détermination graphique du point M, se confondent en un seul. Ainsi l'indétermination provient de ce que les quatre points A', B', C', M', pris sur le terrain, se trouvent par hasard sur la même circonférence. Dans ce cas, il faudrait recommencer les opérations en remplaçant l'un des trois points A', B', C' par un autre.

CHAPITRE IX

COMPLÉMENT DE LA RÉSOLUTION DES TRIANGLES.

49. *Cas où l'on connaît seulement les angles d'un triangle.* La géométrie apprend qu'un triangle n'est pas déterminé quand on ne connaît que ses angles. La trigonométrie va nous conduire au même résultat.

Pour cela, traitons le problème comme s'il devait être déterminé, et prenons les trois équations

$$(7)\qquad \begin{aligned} a^2 &= b^2 + c^2 - 2bc \cos A, \\ b^2 &= a^2 + c^2 - 2ac \cos B, \\ c^2 &= a^2 + b^2 - 2ab \cos C. \end{aligned}$$

Pour éliminer deux des trois inconnues a, b, c, additionnons membre à membre la première avec la seconde, la première avec la troisième, et la seconde avec la troisième; nous obtiendrons, après la suppression des facteurs communs,

$$(26)\qquad \begin{aligned} c &= a \cos B + b \cos A, \\ b &= a \cos C + c \cos A, \\ a &= b \cos C + c \cos B. \end{aligned}$$

Maintenant, en substituant dans les deux dernières équations de ce système la valeur de c donnée par la première, nous obtiendrons

$$\begin{aligned} b &= a \cos C + a \cos A \cos B + b \cos^2 A, \\ a &= b \cos C + b \cos A \cos B + a \cos^2 B. \end{aligned}$$

Par la transposition des termes, on a

$$\begin{aligned} b\,(1 - \cos^2 A) &= a\,(\cos C + \cos A \cos B), \\ a\,(1 - \cos^2 B) &= b\,(\cos C + \cos A \cos B), \end{aligned}$$

et enfin

$$\frac{b}{a}\sin^2 A = \cos C + \cos A \cos B,$$

$$\frac{a}{b}\sin^2 B = \cos C + \cos A \cos B.$$

De ces deux dernières équations, on tire

$$\frac{b \sin^2 A}{a} = \frac{a \sin^2 B}{b}, \quad \text{d'où} \quad b \sin A = a \sin B,$$

et enfin

$$\frac{a}{\sin A} = \frac{b}{\sin B}.$$

En éliminant b de la même manière, on trouve

$$\frac{a}{\sin A} = \frac{c}{\sin C},$$

et en éliminant c, on trouve

$$\frac{a}{\sin A} = \frac{b}{\sin B}.$$

On arrive ainsi à trois équations contenant encore trois inconnues, et qui se réduisent en réalité aux deux équations

$$(6) \qquad \frac{a}{\sin A} = \frac{b}{\sin B}, \qquad \frac{b}{\sin B} = \frac{c}{\sin C}.$$

Ainsi le problème est bien indéterminé; on trouve seulement que les trois côtés sont proportionnels aux sinus des angles opposés.

50. On voit par ce qui précède que les relations (6) qui existent entre les côtés et les angles d'un triangle dérivent des relations (7).

Réciproquement, on peut facilement tirer les relations (7) des relations (6). En effet, on a en outre

$$A + B + C = 180^0.$$

L'angle C étant le supplément de A+B, on a (nos 6 et 35).

$$(1) \qquad \sin C = \sin(A+B) = \sin A \cos B + \sin B \cos A.$$

Il faut éliminer deux des trois angles. Or on a

$$\frac{b}{\sin B}=\frac{a}{\sin A}, \text{ d'où } \sin B=\frac{b\sin A}{a};$$

$$\frac{c}{\sin C}=\frac{a}{\sin A}, \text{ d'où } \sin C=\frac{c\sin A}{a};$$

$$\cos B=\sqrt{1-\sin^2 B}=\sqrt{1-\frac{b^2\sin^2 A}{a^2}}=\sqrt{\frac{a^2-b^2\sin^2 A}{a^2}}.$$

La substitution de ces trois valeurs dans l'égalité (l) donne

$$\frac{c\sin A}{a}=\sin A\sqrt{\frac{a^2-b^2\sin^2 A}{a^2}}+\frac{b\sin A\cos A}{a}.$$

Supprimant le facteur $\frac{\sin A}{a}$ commun à tous les termes, et transposant, on a

$$c-b\cos A=\sqrt{a^2-b^2\sin^2 A}.$$

Enfin, élevant les deux membres au carré, transposant les termes, et observant qu'on a $b^2\sin^2 A+b^2\cos^2 A=1$, on trouve

$$a^2=b^2+c^2-2bc\cos A.$$

Remarque. Les côtés et les angles d'un triangle ont entre eux une relation unique; mais cette relation s'exprime sous trois formes différentes qui sont les trois systèmes d'égalités (6), (7), (26).

51. *Discussion du cas où l'on connaît les trois côtés du triangle.*

Quand on prend arbitrairement les trois données nécessaires pour la résolution d'un triangle, le problème n'est pas toujours possible. On a déjà discuté cette question (n° 33) pour le cas de deux côtés et de l'angle opposé à l'un de ces côtés. Le cas où l'on donne un côté et deux angles et celui où l'on donne deux côtés et l'angle compris n'offrent aucune difficulté. Nous allons examiner le cas où l'on donne les trois côtés, c'est-à-dire chercher quelles conditions sont imposées aux trois côtés a, b, c pour que le triangle soit possible.

Prenons la formule : $\sin \frac{A}{2} = \sqrt{\frac{(p-b)(p-c)}{bc}}$.

Pour qu'elle donne pour $\sin \frac{A}{2}$ une valeur réelle, il faut que la quantité placée sous le radical soit positive et ne surpasse pas 1. Il faut donc qu'on ait

$$\frac{(p-b)(p-c)}{bc} > 0 \quad \text{et} \quad \frac{(p-b)(p-c)}{bc} \leqslant 1,$$

ou, en chassant le dénominateur,

$$(m) \qquad (p-b)(p-c) > 0 \quad \text{et} \quad (p-b)(p-c) \leqslant bc.$$

La première de ces deux inégalités sera satisfaite si l'on a

$$p-b > 0 \quad \text{et} \quad p-c > 0,$$

ou en remplaçant p par $\frac{a+b+c}{2}$, supprimant le dénominateur 2 et transposant les termes,

$$b < a+c \quad \text{et} \quad c < a+b.$$

Ainsi chacun des côtés b et c doit être plus petit que la somme des deux autres.

Pour trouver la condition exprimée par la seconde des deux inégalités (m), remplaçons-y p par $\frac{a+b+c}{2}$; nous trouvons

$$\frac{a+c-b}{2} \times \frac{a+b-c}{2} \leqslant bc \quad \text{ou} \quad (a+c-b)(a+b-c) < 4\,bc.$$

En effectuant la multiplication, transposant les termes et réduisant, nous avons

$$a^2 < b^2 + c^2 + 2bc \quad \text{ou} \quad a < b+c.$$

Ainsi le troisième côté doit, comme les deux premiers, être plus petit que la somme des deux autres, ce qui est la condition indiquée par la géométrie.

Il semble que la première des deux inégalités (*m*) serait aussi satisfaite si l'on avait

$$(p-b) < o \quad \text{et} \quad p-c < o,$$

car les deux facteurs négatifs donneraient un produit positif. Mais si l'on répète sur ces deux inégalités les mêmes transformations qu'on vient d'effectuer, on trouve qu'elles reviennent à

$$b > a+c \quad \text{et} \quad b < c-a.$$

Or, il n'est pas possible qu'une quantité soit à la fois supérieure à la somme de deux autres quantités et moindre que leur différence.

CHAPITRE X

TRANSFORMATION D'UNE SOMME EN UN PRODUIT.

52. On a déjà vu (n° 38) comment on peut remplacer par un produit la somme et la différence de deux sinus ou cosinus. Cette transformation peut avoir lieu très-simplement dans d'autres cas; nous allons indiquer les plus importants.

1° *Somme et différence de deux tangentes.*

On a :

$$\text{tang } a \pm \text{tang } b = \frac{\sin a}{\cos a} \pm \frac{\sin b}{\cos b} = \frac{\sin a \cos b \pm \sin b \cos a}{\cos a \cos b};$$

on obtient donc

$$\text{tang } a \pm \text{tang } b = \frac{\sin (a \pm b)}{\cos a \cos b}.$$

2° *Somme des tangentes des trois angles d'un triangle.*

On a $C = 180° - (A+B)$, d'où $\text{tang } (A+B) = -\text{tang } C$.

Développant tang (A+B) d'après la formule (15), on trouve

$$\frac{\text{tang } A + \text{tang } B}{1 - \text{tang } A \text{ tang } B} = - \text{tang } C,$$

et en chassant le dénominateur, on a

$$\text{tang } A + \text{tang } B + \text{tang } C = \text{tang } A \text{ tang } B \text{ tang } C.$$

3° *Somme des sinus des trois angles d'un triangle.*

On a d'abord

$$(n) \quad \sin A + \sin B + \sin C = \sin A + \sin B + \sin (A + B).$$

La formule (12) donne

$$\sin A + \sin B = 2 \sin \frac{A+B}{2} \cos \frac{A-B}{2};$$

la formule (10) donne

$$\sin(A+B) = 2\sin\frac{A+B}{2}\cos\frac{A+B}{2}.$$

L'égalité (n) devient donc

$$\sin A + \sin B + \sin C = 2\sin\frac{A+B}{2}\left(\cos\frac{A+B}{2} + \cos\frac{A-B}{2}\right).$$

Transformant la somme des deux cosinus d'après la formule (13), et observant que $\sin\frac{A+B}{2}$ est égal à $\cos\frac{C}{2}$, on trouve

$$\sin A + \sin B + \sin C = 4\cos\frac{A}{2}\cos\frac{B}{2}\cos\frac{C}{2}.$$

4° *Différence des carrés de deux sinus.*

On a d'abord

$$\sin^2 a - \sin^2 b = (\sin a + \sin b)(\sin a - \sin b).$$

Transformant la somme et la différence des deux sinus d'après les formules (12) et (13), on obtient :

$$\sin^2 a - \sin^2 b = 2\sin\frac{a+b}{2}\cos\frac{a-b}{2} \times 2\sin\frac{a-b}{2}\cos\frac{a+b}{2}$$

$$= 2\sin\frac{a+b}{2}\cos\frac{a+b}{2} \times 2\sin\frac{a-b}{2}\cos\frac{a-b}{2}.$$

En regardant $a+b$ et $a-b$ comme le double de $\frac{a+b}{2}$ et $\frac{a-b}{2}$, on trouve, d'après la formule (10),

$$\sin^2 a - \sin^2 b = \sin(a+b)\sin(a-b).$$

53. Méthode générale. — Il est quelquefois utile de transformer en un produit une somme ou une différence de deux quantités quelconques $a+b$ ou $a-b$.

Pour cela on réduit d'abord l'un des termes du binôme à 1, en divisant et en multipliant le binôme par ce terme. On a ainsi

$$a + b = a\left(1 + \frac{b}{a}\right).$$

Or, quel que soit $\frac{b}{a}$, on peut toujours le regarder comme la valeur de la tangente d'un angle φ qu'on déterminera en posant $\operatorname{tang}\varphi = \frac{b}{a}$. On a donc

$$a+b=a(1+\operatorname{tang}\varphi)=a\left(1+\frac{\sin\varphi}{\cos\varphi}\right)=\frac{a}{\cos\varphi}(\cos\varphi+\sin\varphi).$$

Puis, transformant la somme du cosinus et du sinus (n° 38), on obtient

$$a+b=\frac{a\sqrt{2}\cos(45^0-\varphi)}{\cos\varphi}.$$

On pourrait aussi regarder $\frac{b}{a}$ comme le carré de la tangente d'un angle φ' qu'on déterminerait en posant $\operatorname{tang}^2\varphi' = \frac{b}{a}$. On aurait alors

$$a+b=a(1+\operatorname{tang}^2\varphi')=a\operatorname{séc}^2\varphi'=\frac{a}{\cos^2\varphi'}.$$

S'il s'agissait d'un trinôme, on suivrait une marche analogue en posant par exemple $a+b+c=a\left(1+\frac{b+c}{a}\right)$.

54. La méthode précédente peut être modifiée dans certains cas suivant les quantités à transformer, comme on va le voir dans les exemples suivants.

1° *Transformer en produit la somme* $a\sin\alpha+b\cos\alpha$.

On a d'abord

$$a\sin\alpha+b\cos\alpha=a\left(\sin\alpha+\frac{b}{a}\cos\alpha\right);$$

posant $\frac{a}{b}=\operatorname{tang}\varphi=\frac{\sin\varphi}{\cos\varphi}$ et substituant, on obtient, pour le second membre,

$$a\left(\sin\alpha+\frac{\sin\varphi}{\cos\varphi}\cos\alpha\right)=\frac{a}{\cos\varphi}(\sin\alpha\cos\varphi+\sin\varphi\cos\alpha).$$

On a donc

$$a \sin \alpha + b \cos \alpha = \frac{a \sin(\alpha + \varphi)}{\cos \varphi}.$$

Cette transformation appliquée à l'équation

$$a \sin x + b \cos x = k$$

permet de la résoudre plus simplement que par la méthode qui consisterait à remplacer $\cos x$ par $\sqrt{1 - \sin^2 x}$.

2° *Transformer en un produit* $c = \sqrt{a^2 + b^2 - 2ab \cos C}$.

Cette formule est celle qui donne un côté d'un triangle quand on connaît les deux autres et l'angle compris entre eux.

Observons d'abord que si on pouvait isoler $2ab$ sous le radical, la quantité $a^2 + b^2 - 2ab$ étant le carré de $a - b$, il n'y aurait plus qu'un binôme sous le radical. Or on a

$$\sin \frac{C}{2} = \sqrt{\frac{1 - \cos C}{2}}, \text{ d'où } \cos C = 1 - 2 \sin^2 \frac{C}{2}.$$

En substituant cette valeur sous le radical, on trouve

$$c = \sqrt{a^2 + b^2 - 2ab + 4ab \sin^2 \frac{C}{2}} = \sqrt{(a-b)^2 + 4ab \sin^2 \frac{C}{2}}.$$

Appliquant la méthode générale, on a

$$c = \sqrt{(a-b)^2 \left(1 + \frac{4ab \sin^2 \frac{C}{2}}{(a-b)^2}\right)} = (a-b) \sqrt{1 + \frac{4ab \sin^2 \frac{C}{2}}{(a-b)^2}};$$

puis posant

$$\frac{4ab \sin^2 \frac{C}{2}}{(a-b)^2} = \operatorname{tang}^2 \varphi,$$

et substituant sous le radical, on a

$$c = (a-b) \sqrt{1 + \operatorname{tang}^2 \varphi} = (a-b) \operatorname{séc}^2 \varphi = \frac{a-b}{\cos^2 \varphi}.$$

Ainsi on pourrait aussi résoudre le troisième cas des triangles (n° 41) au moyen des relations

$$\tang^2 \varphi = -\frac{4ab \sin^2 \frac{C}{2}}{(a-b)^2}, \quad c = \frac{a-b}{\cos^2 \varphi}.$$

3° *Transformer en un produit les racines de l'équation* $a^2 = b^2 + c^2 - 2bc\cos A$, *dans laquelle* c *est l'inconnue.*

Ces racines sont

$$c = b\cos A \pm \sqrt{a^2 - b^2 \sin^2 A}.$$

Elles font connaître le côté c d'un triangle dont a et b sont les deux autres côtés, et A l'angle opposé au côté a (n° 33).

On a d'abord

$$\sqrt{a^2 - b^2 \sin^2 A} = a\sqrt{1 - \frac{b^2 \sin^2 A}{a^2}}.$$

Comme le second terme qui suit 1 sous le radical doit être moindre que 1, posons

$$(r) \qquad \frac{b \sin A}{a} = \sin \varphi.$$

La substitution de cette expression donne

$$\sqrt{a^2 - b^2 \sin^2 A} = a\sqrt{1 - \sin^2 \varphi} = a \cos \varphi,$$

et

$$c = b\cos A \pm a \cos \varphi.$$

Pour transformer ce binôme, on tire de l'égalité (r)

$$(s) \qquad b = \frac{a \sin \varphi}{\sin A}.$$

On a donc

$$c = \frac{a \sin \varphi \cos A}{\sin A} \pm a\cos\varphi = \frac{a}{\sin A}(\sin\varphi\cos A \pm \sin A \cos\varphi),$$

et enfin

$$c = \frac{a\sin(\varphi \pm A)}{\sin A}.$$

Or, au n° 33, on avait trouvé

$$b = \frac{a \sin B}{\sin A}.$$

Cette égalité rapprochée de l'égalité (s) montre que l'angle φ n'est autre chose que l'angle B du triangle.

CHAPITRE XI

CONSTRUCTION DES TABLES TRIGONOMÉTRIQUES.

55. On a déjà donné au n° 15 une idée de la construction des tables trigonométriques. Il s'agit maintenant de traiter avec les développements convenables ce qui avait seulement été indiqué.

1° *Tout arc inférieur au quadrant est plus grand que son sinus et plus petit que sa tangente.*

En effet, soit l'arc AM (*fig.* 20). Prolongeons son sinus MP jusqu'en N; menons de l'extrémité T de sa tangente TA la droite

Fig. 20.

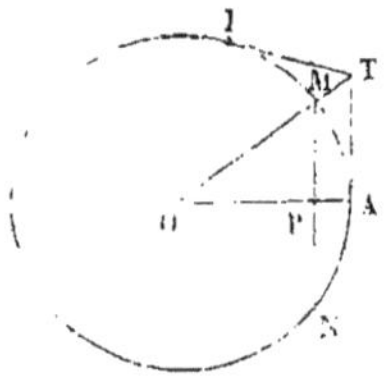

TI tangente à la circonférence. L'arc AMI sera égal à l'arc MAN, et on aura

$$MAN > MP + PN \quad \text{et} \quad AMI < AT + TI,$$

et, en prenant la moitié des deux membres,

$$AM > MP \quad \text{et} \quad AM < AT.$$

2° *Le rapport entre un arc plus petit que le quadrant et son sinus diminue en même temps que l'arc, et tend vers 1 à mesure que l'arc tend vers 0°.*

En effet, soit a un arc $< 90^\circ$; nous aurons $a > \sin a$ et $a < \text{tang}\, a$, ce qu'on peut écrire ainsi :

$$\sin a < a < \frac{\sin a}{\cos a}.$$

Divisant tous les termes par $\sin a$, on obtient

$$1 < \frac{a}{\sin a} < \frac{1}{\cos a}.$$

Le rapport $\frac{a}{\sin a}$ est donc compris entre 1 et la quantité variable $\frac{1}{\cos a}$, qui est plus grande que 1, mais qui diminue avec l'arc, puisqu'alors $\cos a$ augmente. De plus, $\frac{1}{\cos a}$ s'approche indéfiniment de 1 à mesure que l'arc tend à se réduire à 0°. Ainsi, à la limite, le rapport $\frac{a}{\sin a}$ est compris entre 1 et 1, ce qui revient à dire que *l'arc et son sinus diffèrent de moins en moins à mesure que l'arc diminue, et qu'un arc infiniment petit est rigoureusement égal à son sinus.*

D'après cela, si l'on calcule la longueur d'un arc très-petit, de $10''$ par exemple (le rayon étant pris pour unité), cette longueur sera à très-peu près la valeur de $\sin 10''$; or on a

$$\text{arc } 180^\circ = \pi = 3{,}14159\,26535\,89793.....$$

$$\text{arc } 1^\circ = \frac{\pi}{180}, \quad \text{arc } 1' = \frac{\pi}{180 \times 60}, \quad \text{arc } 10'' = \frac{\pi}{180 \times 60 \times 6},$$

$$\text{arc } 10'' = \frac{\pi}{64800} = 0{,}00004\,84813\,68110....$$

On trouve donc

$$\sin 10'' = 0{,}00004\,84813\,68110...$$

3° Cherchons maintenant le degré d'approximation de cette valeur. De $a < \frac{\sin a}{\cos a}$ on tire $a \cos a < \sin a$; la multiplication des deux membres par $2 \cos a$ donne

$$2a \cos^2 a < 2 \sin a \cos a \quad \text{ou} \quad 2a(1 - \sin^2 a) < \sin 2a.$$

Effectuant la multiplication et transposant les termes, on obtient

$$2a - \sin 2a < 2a \sin^2 a,$$

et, à plus forte raison, en remplaçant le sinus par l'arc dans le second membre,

$$2a - \sin 2a < 2a \times a^2.$$

Désignant, pour plus de simplicité, l'arc $2a$ par b, nous aurons

$$b - \sin b < \frac{b^3}{4};$$

donc *la différence entre un arc et son sinus est moindre que le quart du cube de l'arc.*

Or on a

$$\text{arc } 10'' < 0{,}00005,$$

$$(\text{arc } 10'')^3 < 0{,}00005^3 \text{ ou } < 0{,}00000\,00000\,00125,$$

$$\frac{(\text{arc } 10'')^3}{4} < \frac{0{,}00005^3}{4} \text{ ou } < 0{,}00000\,00000\,00032,$$

c'est-à-dire que le quart du cube de l'arc de $10''$ est moindre que 1 unité décimale du 13e ordre.

Ainsi la différence entre l'arc de $10''$ et son sinus ne commence qu'au-delà du 13e chiffre décimal, et par conséquent on a

$$\sin 10'' = 0{,}00004\,84813\,681,$$

valeur approchée par excès avec une erreur moindre que 1 unité du 13e ordre décimal.

56. Le calcul de $\cos 10''$ pourrait se tirer de

$$\cos 10'' = \sqrt{1 - \sin^2 10''};$$

mais la marche suivante est préférable.

De $\sin \frac{a}{2} = \sqrt{\frac{1 - \cos a}{2}}$, on tire $\cos a = 1 - 2\sin^2 \frac{a}{2}$.

Comme pour un arc très-petit $\sin \frac{a}{2}$ diffère peu de $\frac{a}{2}$, on aura une valeur très-approchée pour cos 10″, en prenant

$$\cos 10'' = 1 - 2\,\frac{(\text{arc }10'')^2}{4} = 1 - \frac{(\text{arc }10'')^2}{2}.$$

Cherchons une limite supérieure de l'erreur. On a

valeur exacte $\cos a = 1 - 2\sin^2\frac{a}{2}$,

valeur approchée par défaut $\cos a = 1 - 2\frac{a^2}{4}$.

En désignant par e leur différence, on trouve

$$e = 2\left(\frac{a^2}{4} - \sin^2\frac{a}{2}\right) = 2\left(\frac{a}{2} + \sin\frac{a}{2}\right)\left(\frac{a}{2} - \sin\frac{a}{2}\right),$$

et en remplaçant $\frac{a}{2} + \sin\frac{a}{2}$ par $\frac{a}{2} + \frac{a}{2}$, quantité plus grande, on a

$$e < 2a\left(\frac{a}{2} - \sin\frac{a}{2}\right).$$

De plus, la différence $\frac{a}{2} - \sin\frac{a}{2}$ est moindre que le quart de $\frac{a^3}{8}$; on aura donc à plus forte raison

$$e < 2a\,\frac{a^3}{8\times 4},\quad \text{ou}\quad e < \frac{a^4}{16}.$$

Ainsi, *en prenant pour le cosinus d'un arc l'excès de* 1 *sur la moitié du carré de cet arc, on commet une erreur moindre que la* 16e *partie de la* 4e *puissance de cet arc.*

Or l'arc de 10″ étant moindre que 0,00005, on trouve

$$(\text{arc }10'')^4 < 625 \text{ unités du } 20^e \text{ ordre décimal},$$

$$\frac{1}{16}(\text{arc }10'')^4 < 1 \text{ unité du } 18^e \text{ ordre décimal}.$$

Cette méthode fournit donc la valeur de cos 10″ avec 18 chiffres décimaux exacts.

Pour effectuer le calcul, on doit d'abord chercher le carré de l'arc de 10″ avec 18 chiffres décimaux par la multiplication abrégée. On obtient

$$(\text{arc } 10'')^2 = 0{,}00000\ 00023\ 50443\ 054,$$

$$\frac{1}{2}(\text{arc } 10'')^2 = 0{,}00000\ 00011\ 75221\ 527,$$

$$\cos 10'' = 1 - \frac{1}{2}(\text{arc } 10'')^2 = 0{,}99999\ 99988\ 24778\ 473,$$

ou, en se bornant aux treize premières décimales comme pour le sinus,

$$\cos 10'' = 0{,}99999\ 99988\ 248.$$

57. Les sinus et cosinus de 20″, 30″,... pourraient être tirés des égalités

$$\sin 20'' = 2 \sin 10'' \cos 10'', \quad \cos 20'' = \cos^2 10'' - \sin^2 10'',$$
$$\sin 30'' = \sin(20'' + 10'') = \sin 20'' \cos 10'' + \sin 10'' \cos 20'',$$
$$\cos 30'' = \cos(20'' + 10'') = \cos 20'' \cos 10'' - \sin 20'' \sin 10'',$$

et ainsi de suite. Mais Th. Simpson, mathématicien anglais du XVIIIe siècle, observant que les arcs dont on cherche les sinus et cosinus forment une progression par différence, a simplifié le calcul de la manière suivante. Prenons les formules du n° 38

$$\sin(a+b) + \sin(a-b) = 2 \sin a \cos b,$$
$$\cos(a+b) + \cos(a-b) = 2 \cos a \cos b.$$

Les trois arcs $a+b$, a et $a-b$ forment une progression par différence, dont la raison est b. En écrivant les termes dans l'ordre de ces arcs, et faisant $b = 10''$, on a

$$(27) \quad \begin{cases} \sin(a + 10'') = \sin a \times 2 \cos 10'' - \sin(a - 10''), \\ \cos(a + 10'') = \cos a \times 2 \cos 10'' - \cos(a - 10''). \end{cases}$$

Telles sont les formules de Th. Simpson. On y remplace successivement a par 10″, 20″, 30″,... en ayant soin dans ces calculs de déterminer le degré d'approximation de chaque résultat (*).

(*) Voir mon *Traité élémentaire des approximations numériques*.

58. Ces calculs peuvent encore être abrégés. En effet, soit k la différence très-petite qui existe entre 2 et 2cos 10″, on aura

$$k = 2 - 2\cos 10'' = 0{,}00000\,00023\,504,$$
$$2\cos 10'' = 2 - k.$$

Remplaçant 2 cos 10″ par $2-k$ dans les égalités (27), et transposant, on obtient

$$(28)\quad \begin{cases} \sin(a+10'') - \sin a = \sin a - \sin(a-10'') - k\sin a, \\ \cos(a+10'') - \cos a = \cos a - \cos(a-10'') - k\cos a. \end{cases}$$

Faisant ensuite $a = 10'', 20'', 30'', \ldots$, on trouve

$$\sin 20'' - \sin 10'' = \sin 10'' - k\sin 10'',$$
$$\cos 20'' - \cos 10'' = \cos 10'' - 1 - k\cos 10'';$$
$$\sin 30'' - \sin 20'' = (\sin 20'' - \sin 10'') - k\sin 10'',$$
$$\cos 30'' - \cos 20'' = (\cos 20'' - \cos 10'') - k\cos 10'', \text{etc.}$$

On voit par là qu'en retranchant $k\sin 10''$ de sin 10″, on obtient la différence qu'il y a entre sin 20″ et sin 10″; il suffira d'ajouter sin 10″ à cette différence pour avoir sin 20″.

En retranchant k sin 10″ de la différence sin 20″ — sin 10″, comme par le calcul précédent, on obtient la différence qu'il y a entre sin 30″ et sin 20″; il suffit donc d'ajouter sin 20″ à cette différence pour avoir sin 30″, et ainsi de suite. On opèrera de la même manière pour les cosinus.

On prend la précaution de former d'avance les produits de k par chacun des neuf chiffres significatifs.

59. Des erreurs étant à craindre dans des opérations aussi étendues, il est important d'avoir des moyens de vérification. Or on peut calculer directement les sinus et cosinus de certains arcs (nº 7); il suffira donc de comparer aux valeurs ainsi obtenues celles qu'aura fournies le calcul précédent. Par exemple, on cher-

che les sinus et cosinus des arcs de 9^0 en 9^0. On a d'abord (n° 7)

$$\sin 18^0 = \frac{1}{4}(\sqrt{5}-1),$$

$$\cos 18^0 = \sqrt{1-\sin^2 18^0} = \frac{1}{4}\sqrt{10+2\sqrt{5}}.$$

Les formules (10) donnent

$$\sin 36^0 = \frac{1}{4}\sqrt{10-2\sqrt{5}},$$

$$\cos 36^0 = \frac{1}{4}(\sqrt{5}+1).$$

Pour connaître sin 9^0 et cos 9^0, on pourrait employer les formules (11); mais on obtiendra des résultats plus simples en les cherchant en fonction de sin 18^0 au moyen des formules (34) données plus loin au n° 65. De cette manière, on trouve

$$\sin 9^0 = \frac{1}{4}\sqrt{3+\sqrt{5}} - \frac{1}{4}\sqrt{5-\sqrt{5}},$$

$$\cos 9^0 = \frac{1}{4}\sqrt{3+\sqrt{5}} + \frac{1}{4}\sqrt{5-\sqrt{5}}.$$

Comme sin 54^0 est égal à cos 36^0, et que 27^0 est la moitié de 54^0, on aura par ces mêmes formules

$$\sin 27^0 = \frac{1}{4}\sqrt{5+\sqrt{5}} - \frac{1}{4}\sqrt{3-\sqrt{5}},$$

$$\cos 27^0 = \frac{1}{4}\sqrt{5+\sqrt{5}} + \frac{1}{4}\sqrt{3-\sqrt{5}};$$

on a aussi

$$\sin 45^0 = \cos 45^0 = \frac{1}{2}\sqrt{2}.$$

En effectuant les opérations indiquées, on obtiendra les valeurs de ces sinus et cosinus avec une approximation aussi grande qu'on voudra.

C'est ainsi qu'ont d'abord été calculées les premières tables trigonométriques. Depuis, on a trouvé des méthodes plus expéditives; mais elles sont fondées sur des principes qui n'appartiennent pas aux mathématiques élémentaires.

CHAPITRE XII

LIGNES TRIGONOMÉTRIQUES POUR DES ARCS QUELCONQUES.

60. Comme la valeur des lignes trigonométriques dépend de l'arc de circonférence, ces lignes sont appelées *fonctions circulaires*. On ne les emploie pas seulement pour la résolution des triangles; elles sont aussi d'un usage fréquent dans les diverses parties des mathématiques. Mais alors l'arc auquel elles correspondent n'est plus limité à 180°, il peut croître jusqu'à 360° et au-delà.

De plus, dans tout ce qui précède, les arcs ont toujours été pris dans la direction de A vers B (*fig.* 21). Or il peut arriver

Fig. 21.

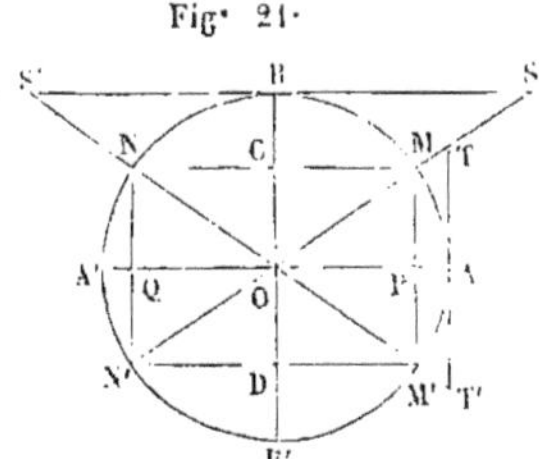

qu'on ait à prendre un arc en sens inverse de A vers B'. Pour indiquer ce changement de direction, on donnera le signe — à ce dernier arc, et, par conséquent, les arcs comptés de A vers B seront considérés comme ayant le signe +.

Il s'agit maintenant d'étudier les six lignes trigonométriques pour les arcs positifs > 180° et pour tous les arcs négatifs.

1° Soit l'arc ABN' > 180° et < 270°.

Son sinus est — N'Q, sa tangente est + AT, sa sécante est

— OT, son cosinus est — OQ, sa cotangente est + BS, et sa cosécante est — OS.

Si on désigne par a l'arc AM $< 90^0$, l'arc ABN′ sera égal à $180^0 + a$, et, d'après l'égalité des triangles rectangles de la figure, on trouve facilement

$$\sin(180^o + a) = -\sin a, \qquad \cos(180^0 + a) = -\cos a;$$
$$\text{tang}(180^o + a) = \text{tang}\, a, \qquad \text{cotg}(180^o + a) = \text{cotg}\, a;$$
$$\text{séc}(180^o + a) = -\text{séc}\, a, \qquad \text{coséc}(180^o + a) = -\text{coséc}\, a.$$

2° Soit l'arc ABA′M′ $> 270^0$ et $< 360^0$.

Son sinus est —M′P, sa tangente est —AT′, sa sécante est +OT′, son cosinus est + OP, sa cotangente est — BS′, sa cosécante est — OS′.

Comme l'arc AM′ est égal à l'arc AM $= a$, l'arc ABA′M′ est égal à $360^0 - a$, et on a

$$\sin(360^o - a) = -\sin a, \qquad \cos(360^o - a) = \cos a;$$
$$\text{tang}(360^o - a) = -\text{tang}\, a, \qquad \text{cotg}(360^o - a) = -\text{cotg}\, a;$$
$$\text{séc}(360^o - a) = \text{séc}\, a, \qquad \text{coséc}(360^o - a) = -\text{coséc}\, a.$$

3° Si à un arc moindre que 360° on ajoute un nombre entier de circonférences, le nouvel arc se terminera au même point que le premier; donc, deux arcs qui diffèrent d'un nombre entier de circonférences ont les mêmes lignes trigonométriques.

Si, à l'arc moindre que 360°, on ajoute un nombre impair de demi-circonférences, ce qui revient à ajouter un nombre entier de circonférences, plus une demi-circonférence, les lignes trigonométriques du deuxième arc ont la même valeur absolue que celles du premier avec des signes contraires, excepté la tangente et la cotangente qui conservent le même signe.

Quand on doit chercher une ligne trigonométrique d'un arc supérieur à 360°, par exemple sin 1345°, on retranche d'abord de cet arc autant de fois que possible 360°; il reste 265°. Donc sin 1345° est égal à sin 265°. Ce dernier arc étant compris entre

180° et 270°, son sinus est négatif et sa valeur absolue est égale à celle du sinus de (265° — 180°); donc sin 1345° = — sin 85°.

4° Soit un arc négatif AM′ égal en valeur absolue à l'arc AM désigné par a; cet arc AM′ sera égal à $-a$, et on aura

$$\sin(-a) = -\sin a, \qquad \cos(-a) = \cos a;$$
$$\text{tang}(-a) = -\text{tang}\, a, \qquad \text{cotg}(-a) = -\text{cotg}\, a;$$
$$\text{séc}(-a) = \text{séc}\, a, \qquad \text{coséc}(-a) = -\text{coséc}\, a;$$

donc les lignes trigonométriques d'un arc négatif sont égales en valeur absolue, et avec des signes contraires, aux lignes trigonométriques du même arc positif, excepté le cosinus et la sécante, qui ont le même signe que pour l'arc positif.

61. *Arcs correspondant à une ligne trigonométrique donnée.*

1° Sinus. — Soit, par exemple, $\sin x = \frac{5}{9}$.

On prend (*fig.* 21) $OC = \frac{5}{9}$ de OB; par le point C, on tire MN parallèle à AA′, et on a ainsi les deux arcs AM et ABN dont le sinus est égal à $\frac{5}{9}$. Soit a le plus petit AM; le plus grand ABN sera égal à $180° - a$ ou $\pi - a$, en désignant la demi-circonférence par π, pour abréger l'écriture.

A ce même sinus correspondent aussi tous les arcs qu'on obtient en ajoutant un nombre entier de circonférences à l'arc a et à l'arc $\pi - a$; car ils se terminent tous en M et en N. Ces arcs forment les deux suites

$$a,\ 2\pi + a,\ 4\pi + a, \ldots \text{ représentée par } 2n\pi + a;$$
$$\pi - a,\ 3\pi - a,\ 5\pi - a, \ldots \text{ représentée par } (2n+1)\pi - a;$$

la lettre n désignant un nombre entier quelconque positif.

A ce sinus donné correspondent encore les deux arcs négatifs $AB'M = -2\pi + a$ et $AB'N = -\pi - a$, et tous les arcs négatifs qu'on obtient en ajoutant à ces deux arcs un nombre entier quelconque de circonférences négatives. Ces arcs forment les deux suites

$-2\pi + a,\ -4\pi + a, \ldots$ représentée par $-2n\pi + a$;
$-\pi - a,\ -3\pi - a,\ -5\pi - a, \ldots$ représentée par $-(2n+1)\pi - a$.

Or, si l'on convient que n exprime un nombre entier quelconque négatif aussi bien que positif, $-2n\pi + a$ sera contenu dans $2n\pi + a$ et $-(2n+1)\pi - a$ dans $(2n+1)\pi - a$.

Donc tous les arcs correspondant à un sinus donné sont exprimés par les formules

$$(29) \qquad 2n\pi + a, \quad (2n+1)\pi - a,$$

dans lesquelles n est un nombre entier quelconque positif ou négatif, pouvant être égal à 0.

2° Cosinus. Soit par exemple $\cos x = -\frac{5}{6}$.

En prenant $OQ = \frac{5}{6}$ de OA' et menant NN' parallèle à BB', on a pour les arcs cherchés les deux arcs $ABN = a$ et $ABN' = 2\pi - a$, et tous les arcs formés en ajoutant un nombre entier de circonférences à l'arc a et à l'arc $\pi - a$. Ces arcs forment les deux suites

$$\left.\begin{array}{l} a,\ 2\pi + a,\ 4\pi + a, \ldots \\ 2\pi - a,\ 4\pi - a, \ldots \end{array}\right\} \text{représentées par } 2n\pi \pm a,$$

n étant un nombre entier positif.

Au cosinus donné correspondent encore l'arc négatif $AB'N'$ égal à $-a$ et l'arc négatif $AB'N$ égal à $-2\pi + a$, et tous les arcs obtenus en ajoutant à ces deux arcs un nombre entier de circonférences négatives. Ces arcs forment les deux suites

$$\left.\begin{array}{l} -a,\ -2\pi - a,\ -4\pi - a, \ldots \\ -2\pi + a,\ -4\pi + a, \ldots\ldots\ldots\ldots \end{array}\right\} \text{représentées par } -2n\pi \pm a.$$

Mais si l'on regarde n comme un nombre entier positif ou négatif, $-2n\pi \pm a$ sera contenu dans $2n\pi \pm a$; donc tous les arcs correspondant à un cosinus donné sont exprimés par la formule

(30) $$2n\pi \pm a.$$

3° En faisant le même raisonnement, on trouvera facilement, pour les arcs correspondant à une sécante donnée,

(31) $$2n\pi \pm a;$$

pour les arcs correspondant à une cosécante donnée

(32) $$2n\pi + a, \quad (2n+1)\pi - a;$$

pour les arcs correspondant à une tangente et une cotangente données

(33) $$n\pi + a.$$

62. *Formules relatives à la somme et à la différence de deux arcs.*

Cette question a été traitée au n° 35 pour deux arcs a et b, dont la somme ne surpasse pas 180°, l'arc b étant plus petit que l'arc a pour le sinus et le cosinus de la différence $a-b$. Nous allons montrer que les formules s'appliquent à deux arcs quelconques. Nous partirons de ce point qu'elles sont démontrées pour le cas où les deux arcs a et b font une somme moindre que 90°, comme dans la figure 12.

Considérons d'abord les deux formules

(8) $$\begin{cases} \sin(a+b) = \sin a \cos b + \sin b \cos a \\ \cos(a+b) = \cos a \cos b - \sin a \sin b. \end{cases}$$

1° Démontrons qu'elles conviennent à deux arcs u et v dont la somme $u+v$ est $> 90°$, chacun étant $< 90°$.

Soient u' et v', leurs compléments; on aura

$$u' = 90° - u; \quad v' = 90° - v; \quad u' + v' < 90°.$$

Les deux arcs u' et v' étant dans le cas pour lequel les formules ont été démontrées, on a

$$\sin(u'+v') = \sin u' \cos v' + \sin v' \cos u',$$
$$\cos(u'+v') = \cos u' \cos v' - \sin u' \sin v'.$$

Remplaçant u' par $90^0 - u$, et v' par $90^0 - v$, afin d'éliminer u' et v', on obtient

$$\sin[180^0 - (u+v)] = \sin(90^0 - u)\cos(90^0 - v) + \sin(90^0 - v)\cos(90^0 - v$$
$$\cos[180^0 - (u+v)] = \cos(90^0 - u)\cos(90^0 - v) + \sin(90^0 - u)\sin(90^0 - v$$

Or on a

$$\sin[180^0 - (u+v)] = \sin(u+v), \qquad \sin(90^0 - u) = \cos u,$$
$$\cos[180^0 - (u+v)] = -\cos(u+v), \qquad \cos(90^0 - v) = \sin v.$$

En substituant ces valeurs dans les deux égalités précédentes, on trouve

$$(p) \qquad \begin{aligned} \sin(u+v) &= \sin u \cos v + \sin v \cos u, \\ \cos(u+v) &= \cos u \cos v - \sin u \sin v; \end{aligned}$$

ce qui montre que la règle exprimée par les formules (8) s'applique aussi au cas de deux arcs dont la somme ne surpasse pas 180^0, chacun étant moindre que 90^0.

2° Les deux formules démontrées pour les deux arcs u et v sont encore vraies si l'on augmente ces deux arcs d'un nombre quelconque de quadrants.

En effet, ajoutons d'abord 90^0 à l'arc u ; soit

$$m = u + 90^0, \quad \text{d'où} \quad u = m - 90^0.$$

Remplaçant u par cette valeur dans les formules (p), nous aurons

$$\sin(m - 90^0 + v) = \sin(m - 90^0)\cos v + \sin v \cos(m - 90^0),$$
$$\cos(m - 90^0 + v) = \cos(m - 90^0)\cos v - \sin(m - 90^0)\sin v.$$

Or, quand on change le signe d'un arc, son cosinus ne change pas, mais le sinus prend un signe contraire (n° 60) ; on aura donc

$$\sin(m - 90^0 + v) = -\sin[90^0 - (m+v)] = -\cos(m+v),$$
$$\cos(m - 90^0 + v) = \cos[90^0 - (m+v)] = \sin(m+v),$$
$$\sin(m - 90^0) = -\sin(90^0 - m) = -\cos m,$$
$$\cos(m - 90^0) = \cos(90^0 - m) = \sin m.$$

En substituant ces valeurs dans les deux égalités précédentes, on trouve

$$\cos(m+v) = \cos m \cos v - \sin m \sin v,$$
$$\sin(m+v) = \sin m \cos v + \sin v \cos m.$$

Cette démonstration fait voir qu'on pourrait augmenter l'arc m encore d'un quadrant, puis d'un second, etc., ainsi que l'arc v; donc les formules (8) sont vraies pour deux arcs quelconques positifs.

3° Démontrons maintenant que les formules

$$(9) \qquad \begin{aligned} \sin(a-b) &= \sin a \cos b - \sin b \cos a \\ \cos(a-b) &= \cos a \cos b + \sin a \sin b \end{aligned}$$

sont vraies, quels que soient les arcs positifs a et b.

Soit $b > a$. On peut augmenter a d'un nombre entier positif de circonférences $2n\pi$ assez grand pour que l'arc $2n\pi - b$ soit positif, ce qui ne change pas le sinus et le cosinus. Les deux arcs a et $2n\pi - b$ étant positifs, on a

$$\sin(a+2n\pi-b) = \sin a \cos(2n\pi - b) + \sin(2n\pi - b)\cos a,$$
$$\cos(a+2n\pi-b) = \cos a \cos(2n\pi-b) - \sin a \sin(2n\pi - b).$$

On peut ôter un nombre entier de circonférences $2n\pi$ à ces arcs sans altérer les lignes trigonométriques; on a donc

$$\sin(a-b) = \sin a \cos(-b) + \sin(-b)\cos a,$$
$$\cos(a-b) = \cos a \cos(-b) - \sin a \sin(-b);$$

ou

$$\sin(a-b) = \sin a \cos b - \sin b \cos a,$$
$$\cos(a-b) = \cos a \cos b + \sin a \sin b;$$

ce qui démontre la question.

4° Les formules s'appliquent aussi au cas où les deux arcs seraient négatifs.

En effet, on a

$$\sin(-a-b) = -\sin(a+b) = -\sin a \cos b - \sin b \cos a;$$

or on a aussi

$$-\sin a=\sin(-a),\cos b=\cos(-b),-\sin b=\sin(-b),\cos a=\cos(-a);$$

on obtiendra, par la substitution de ces valeurs,

$$\sin(-a-b)=\sin(-a)\cos(-b)+\sin(-b)\cos(-a);$$

on aurait de même

$$\cos(-a-b)=\cos(-a)\cos(-b)-\sin(-a)\sin(-b).$$

Ainsi, pour trouver le sinus et le cosinus de la somme de deux arcs négatifs, on doit suivre la même règle que pour deux arcs positifs.

63. *Autre démonstration des formules* (8) *et* (9).

Soient (*fig.* 22) deux arcs quelconques $AM=a$ et $AL=b$; l'arc ML sera égal à $a-b$. Si l'on tire MN et LQ perpendiculaires

Fig. 22.

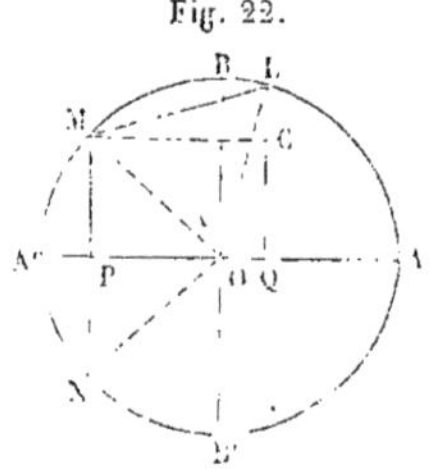

à AA′ et MC parallèle à AA′, on aura $MP=\sin a$, $LQ=\sin b$, $OQ=\cos b$, $-OP=\cos a$, d'où $OP=-\cos a$.

Le triangle MOL donne, d'après le n° 30,

$$\overline{ML}^2=\overline{MO}^2+\overline{LO}^2-2\,MO\times LO\cos MOL=2-2\cos(a-b).$$

Le triangle rectangle MCL donne aussi

$$\overline{ML}^2=\overline{MC}^2+\overline{LC}^2=(PO+OQ)^2+(LQ-MP)^2$$
$$=(-\cos a+\cos b)^2+(\sin b-\sin a)^2.$$

En effectuant les carrés, et en se rappelant qu'on a $\sin^2 a+\cos^2 a=1$, on trouve

$$\overline{ML}^2=2-2\cos a\cos b-2\sin a\sin b.$$

Egalant cette valeur de ML^2 avec celle qu'a donnée le triangle MOL, on a :

$$2-2\cos(a-b)=2-2\cos a\cos b-2\sin a\sin b,$$

ou, en réduisant et transposant les termes :

$$\cos(a-b)=\cos a\cos b+\sin a\sin b.$$

Si l'on remplace b par $-b$, on obtient

$$\cos(a+b)=\cos a\cos(-b)+\sin a\sin(-b),$$

ou $$\cos(a+b)=\cos a\cos b-\sin a\sin b.$$

On peut tirer $\sin(a-b)$ de $\cos(a+b)$ en remarquant que $\sin(a-b)$ est égal à $\cos(90^\circ-a+b)$. En effet, on a alors

$$\sin(a-b)=\cos((90^\circ-a)+b)=\cos(90^\circ-a)\cos b-\sin(90^\circ-a)\sin b,$$

ou $$\sin(a-b)=\sin a\cos b-\cos a\sin b.$$

Pour avoir $\sin(a-b)$, on remplacera b par $-b$ dans $\sin(a-b)$, et il viendra

$$\sin(a+b)=\sin a\cos b+\cos a\sin b.$$

Ainsi de l'une des formules (8) et (9) on peut déduire les trois autres.

Remarque. — Si les extrémités des deux arcs partant du point A tombaient sur une droite perpendiculaire à l'un des diamètres AA′, BB′ comme les arcs ABM et ABN, le triangle rectangle MCL n'existerait plus; mais on aurait la 2e valeur de $\overline{MN}^2$ en écrivant

$$MN=MP+NP=\sin b-\sin a,$$

ce qui amènerait au même résultat.

Cette démonstration est donc générale.

64. Problème. — *Étant donné* $\tan a$, *calculer* $\sin a$ *et* $\cos a$.

Soit $\tan a=k$. On a les deux équations

$$\sin^2 a+\cos^2 a=1,$$

$$\frac{\sin a}{\cos a}=k.$$

En résolvant ces deux équations par la méthode ordinaire, on trouve

$$\sin a = \pm \frac{k}{\sqrt{1+k^2}}, \qquad \cos a = \pm \frac{1}{\sqrt{1+k^2}}.$$

Il faut observer que, pour une tangente donnée k, on trouve deux sinus égaux et de signes contraires, et qu'il en est de même pour le cosinus. En effet, la tangente donnée k correspondant non-seulement à l'arc a, mais à tous les arcs représentés par la formule (33) $n\pi+a$, on doit obtenir le sinus et le cosinus de tous ces arcs, c'est-à-dire $\sin(n\pi+a)$ et $\cos(n\pi+a)$.

Or tous ces sinus se réduisent à deux, ainsi que ces cosinus. En effet, si on prend n pair, on a

$$\sin(n\pi+a) = \sin a,$$
$$\cos(n\pi+a) = \cos a;$$

car une ligne trigonométrique ne change pas quand son arc est augmenté ou diminué d'un nombre entier de circonférences.

Si on prend n impair, on a, pour la même raison,

$$\sin(n\pi+a) = \sin(\pi+a) = -\sin a,$$
$$\cos(n\pi+a) = \cos(\pi+a) = -\cos a.$$

Cela est facile à vérifier sur une figure.

65. Problème. — *Calculer* $\sin\frac{a}{2}$ *et* $\cos\frac{a}{2}$ *en fonction de* $\sin a$.

Prenons les équations

$$2\sin\frac{a}{2}\cos\frac{a}{2} = \sin a, \qquad \sin^2\frac{a}{2} + \cos^2\frac{a}{2} = 1,$$

fournies par les formules (10) et (1).

En représentant $\sin\frac{a}{2}$ par x et $\cos\frac{a}{2}$ par y, on a à résoudre les équations

$$2xy = \sin a, \quad x^2+y^2 = 1.$$

En additionnant membre à membre, on a

$$x^2 + y^2 + 2xy = 1 + \sin a,$$

d'où

$$x + y = \pm\sqrt{1 + \sin a}.$$

En retranchant la première de la seconde, membre à membre, on a

$$x^2 + y^2 - 2xy = 1 - \sin a,$$

d'où

$$x - y = \pm\sqrt{1 - \sin a}.$$

Connaissant ainsi la somme et la différence des inconnues, on obtient

$$(34)\quad \begin{cases} x = \pm\frac{1}{2}\sqrt{1+\sin a} \pm \frac{1}{2}\sqrt{1-\sin a}, \\ y = \pm\frac{1}{2}\sqrt{1+\sin a} \mp \frac{1}{2}\sqrt{1-\sin a}. \end{cases}$$

Il y a donc pour $\sin\frac{a}{2}$ et pour $\cos\frac{a}{2}$ quatre valeurs qui sont égales deux à deux et de signes contraires : c'est ce que met en évidence le tableau suivant :

$$\sin'\frac{a}{2} = +\frac{1}{2}(\sqrt{1+\sin a} + \sqrt{1-\sin a}),\quad \cos'\frac{a}{2} = +\frac{1}{2}(\sqrt{1+\sin a} - \sqrt{1-\sin a});$$

$$\sin''\frac{a}{2} = -\frac{1}{2}(\sqrt{1+\sin a} + \sqrt{1-\sin a}),\quad \cos''\frac{a}{2} = -\frac{1}{2}(\sqrt{1+\sin a} - \sqrt{1-\sin a});$$

$$\sin'''\frac{a}{2} = +\frac{1}{2}(\sqrt{1+\sin a} - \sqrt{1-\sin a}),\quad \cos'''\frac{a}{2} = +\frac{1}{2}(\sqrt{1+\sin a} + \sqrt{1-\sin a});$$

$$\sin^{\text{IV}}\frac{a}{2} = -\frac{1}{2}(\sqrt{1+\sin a} - \sqrt{1-\sin a}),\quad \cos^{\text{IV}}\frac{a}{2} = -\frac{1}{2}(\sqrt{1+\sin a} + \sqrt{1-\sin a}).$$

Les quatre valeurs de $\cos\frac{a}{2}$ sont les mêmes que celles de $\sin\frac{a}{2}$. Nous allons voir qu'il en devait être ainsi.

En effet, les équations doivent donner le sinus et le cosinus de la moitié de tous les arcs correspondant au sinus donné,

$\sin a$, c'est-à-dire de la moitié de tous les arcs représentés par les formules (29)

$$2n\pi + a, \quad (2n+1)\pi - a.$$

On doit donc obtenir

$$\sin\left(n\pi + \frac{a}{2}\right) \text{ et } \cos\left(n\pi + \frac{a}{2}\right),$$

$$\sin\left(n\pi + \frac{\pi - a}{2}\right) \text{ et } \cos\left(n\pi + \frac{\pi - a}{2}\right).$$

Or le sinus et le cosinus d'un arc ne changent pas quand l'arc est diminué d'un nombre pair de demi-circonférences positives ou négatives, et ne font que changer de signe quand le nombre de ces demi-circonférences est impair.

D'après cela, on a

$$\sin\left(n\pi + \frac{a}{2}\right) = \begin{cases} \sin\frac{a}{2} \text{ pour } n \text{ pair ou } n = 0, \\ -\sin\frac{a}{2} \text{ pour } n \text{ impair.} \end{cases}$$

$$\sin\left(n\pi + \frac{\pi - a}{2}\right) = \begin{cases} \sin\frac{\pi - a}{2} \text{ pour } n \text{ pair ou } n = 0, \\ \sin\left(\pi + \frac{\pi - a}{2}\right) = -\sin\frac{\pi - a}{2} \text{ pour } n \text{ impair.} \end{cases}$$

$$\cos\left(n\pi + \frac{a}{2}\right) = \begin{cases} \cos\frac{a}{2} \text{ pour } n \text{ pair ou } n = 0, \\ -\cos\frac{a}{2} \text{ pour } n \text{ impair.} \end{cases}$$

$$\cos\left(n\pi + \frac{\pi - a}{2}\right) = \begin{cases} \cos\frac{\pi - a}{2} \text{ pour } n \text{ pair ou } n = 0, \\ \cos\left(\pi + \frac{\pi - a}{2}\right) = -\cos\frac{\pi - a}{2} \text{ pour } n \text{ impair.} \end{cases}$$

De plus, comme les arcs $\frac{a}{2}$ et $\frac{\pi - a}{2}$ sont complémentaires, on a encore

$$\sin\frac{a}{2} = \cos\frac{\pi - a}{2} \text{ et } \sin\frac{\pi - a}{2} = \cos\frac{a}{2}.$$

Construction des racines. — Soit OC $=$ sin a ; menons par le point C la droite M′M parallèle à A′A, et prenons AN égal à $\frac{1}{2}$AM (*fig.* 23).

Tous les arcs correspondant au sinus donné sont :

AM, et AM augmenté d'un nombre entier de circonférences positives;

ABM′, et ABM′ augmenté d'un nombre entier de circonférences positives;

AB′M, et AB′M augmenté d'un nombre entier de circonférences négatives;

AB′M′, et AB′M′ augmenté d'un nombre entier de circonférences négatives.

Fig. 23.

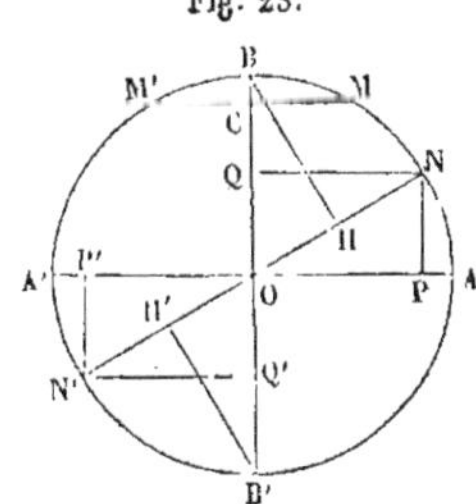

On a donc à construire les sinus et cosinus des arcs suivants :

1° $\frac{\text{AM}}{2} = \text{AN}$, et AN augmenté d'un nombre entier de demi-circonférences positives;

2° $\frac{\text{ABM}'}{2} = \frac{180^\circ - \text{AM}}{2} = 90^\circ - \text{AN} = \text{NB}$, et NB augmenté d'un nombre entier de demi-circonférences positives;

3° $\frac{\text{AB}'\text{M}}{2} = \frac{-360^\circ + \text{AM}}{2} = -180^\circ + \text{AN} = \text{AB}'\text{N}'$, et AB′N′ augmenté d'un nombre entier de demi-circonférences négatives;

4° $\frac{\text{AB}'\text{M}'}{2} = -\left(\frac{180^\circ + \text{AM}}{2}\right) = -(90^\circ + \text{AN}) = \text{NAB}'$, et

NAB' augmenté d'un nombre entier de demi-circonférences négatives.

Les arcs de la première et de la troisième séries ont leur origine en A et se terminent en N et en N'. Leurs sinus sont NP et — N'P', égaux et de signes contraires; leurs cosinus sont OP et — OP', égaux et de signes contraires.

Les arcs de la deuxième et de la quatrième séries ont leur origine en N et se terminent en B et en B'. Leurs sinus sont BH et — B'H', égaux et de signes contraires; leurs cosinus sont OH et — OH', égaux et de signes contraires.

Il est facile de démontrer ensuite qu'on a

$$NP = OH \text{ et } BH = OP;$$

car l'égalité des triangles rectangles ONQ, OBH, donne

$$NP = OQ = OH.$$

Ainsi, les quatre racines sont NP, — N'P', OP, — OP'.

Remarque. — Lorsque le sinus d'un arc a est donné en même temps que l'arc, il n'y a plus qu'une des quatre solutions qui convienne pour le sinus et le cosinus de la moitié de cet arc. Le choix ne présente aucune difficulté.

D'abord, d'après l'arc lui-même, on verra si $\sin\frac{a}{2}$ est positif ou négatif. S'il est positif, par exemple, il reste à chercher quelle est celle des deux racines positives qu'on doit prendre pour $\sin\frac{a}{2}$: or ces deux racines sont l'une $\sin\frac{a}{2}$, et l'autre $\cos\frac{a}{2}$. Tout se réduira donc à connaître, d'après la valeur de $\frac{a}{2}$, si le sinus est plus grand ou plus petit que le cosinus.

FIN.

TABLE DES MATIÈRES

CHAPITRE VI.

CHAPITRE VII.

CHAPITRE VIII.

CHAPITRE IX.

CHAPITRE X.

CHAPITRE XI.

Pages.

CHAPITRE XII.

FIN DE LA TABLE DES MATIÈRES.

Paris. — Imprimé chez Jules Bonaventure, 55, quai des Grands-Augustins.

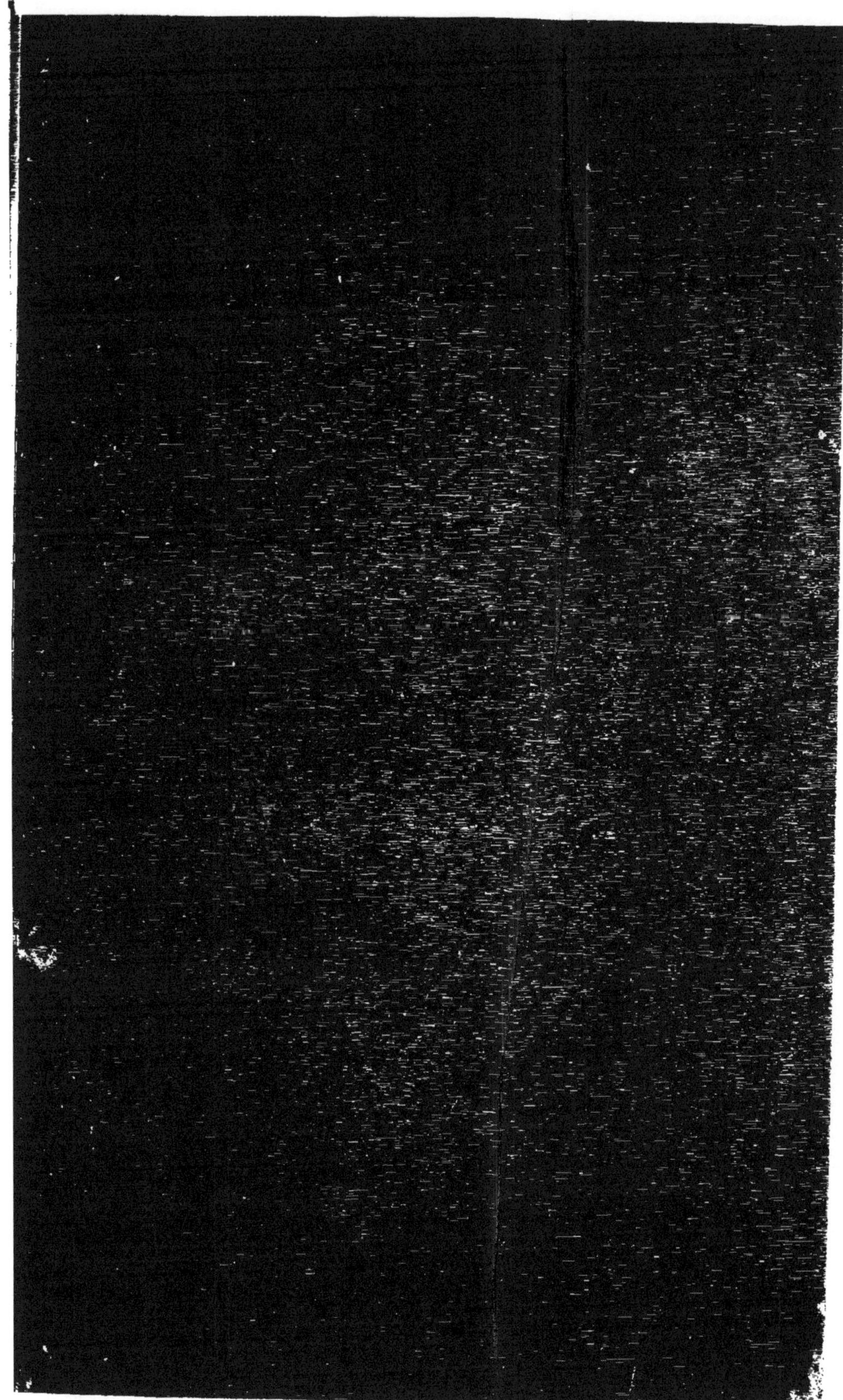

www.ingramcontent.com/pod-product-compliance
Ingram Content Group UK Ltd.
Pitfield, Milton Keynes, MK11 3LW, UK
UKHW020350230726
13925UKWH00003B/1051